自然养猪法

李铁坚　主编

中国农业大学出版社
·北　京·

主　　编　李铁坚

编写人员　（按姓氏笔画为序）

刘观浦　张崇玉　李润建　李润梅

李铁坚　徐敏存　程树阳　樊培华

内 容 提 要

自然养猪法(发酵养猪法)是养猪生产上的一大技术革新。由于这项技术投入少,省工、省力、省水,而且清洁高效,符合科学发展观的要求,有利于环境保护与可持续发展,深受农村广大干部、群众的欢迎。

这种养猪方式采取大棚结构,在地面上铺上至少 40 厘米厚由垫料组成的发酵床。猪舍两端分别设自动食槽与自动饮水器。饲料中加入发酵剂,排出的粪便没有恶臭味。半强制性地依靠猪群来回走动踏踩将粪尿与垫料混合而发酵,饲养期间不用清粪。每人至少可饲养育肥猪 1 000 头以上,母猪 200 头以上,工效提高 10 倍以上。

为了有利于发酵,地面不用水泥硬化。此类圈舍也可用于饲养其他动物,也可种植蔬菜,用途广泛。

本书可供大、中专院校师生,养猪企业职工和农村广大干部、群众参考。

作者自序

改革开放以来，我国的养猪业已经从单纯的副业生产发展成为一大产业，对于促进广大农民脱贫致富奔小康发挥了积极作用。同时，也对支援国家社会主义现代化建设做出了积极贡献。

农村养猪(包括农户和集体猪场)，已从几十头向百、千、万头发展。为了使更多养猪场在发展过程中少走弯路，取得较好的经济效益，我们编著了这本小册子，以期对农村养猪做一点工作。

自然养猪法是农村科学养猪的简易模式。主要优点是省钱、省力、省水、卫生、高效，因而很快推广到全国二十多个省(市、自治区)，生态效益、经济效益和社会效益十分明显。

目 录

第一章 概 述

第一节 自然养猪法的由来

一、农村养猪必须改革

我们伟大的祖国，不仅是文明古国，也是养猪古国。据著名历史学家翦伯赞考证，我国人民饲养家猪的历史已有 6 000 年以上。

我们的祖先在漫长的历史长河中，不仅培育了各具特色的优良品种，也积累了极其丰富的养猪经验。例如，猪的选种技术，青料铡短、浸泡发酵技术，人工栽培青绿饲料分区轮牧技术、放牧技术，初生仔猪的温热培养技术，阶段肥育技术，发情鉴定与配种技术，母猪小桃花和大桃花去势技术等等，至今仍不失其实用价值。但随着生产力与科学技术的进步，有些已不适应规模化、集约化、工厂化、生态化、产业化发展的需要，必须加以改革，以赶超世界先进水平。

自然养猪法正是把现代科学技术与农村养猪实际相结合，多快好省地发展农村养猪生产的重大措施之一。

经过 10 年准备，5 年试验，自然养猪法已取得成功，并显示出强大的生命力。本书将简要地介绍这种养猪法的技术环节。

二、现代养猪科技的引导

近十几年来，是我国养猪科技迅速进步的时期。例如，集约化、工厂化养猪配套技术的成功应用，畜牧微生物学的发展，营养与饲料以及饲料工业的蓬勃发展，动物医学的不断进步，畜牧机电设备的不断革新等等，都为自然养猪法提供了技术条件。因此，自然养猪法也是全国养猪科技界同行和广大农民朋友的共同创造。

三、猪的生物学特性

家猪是由野猪驯化而来的。家猪在长期的驯养和驯化过程中，除积累了很多对人类有益的性状外，也还改造和保留了一些原始野猪的习性，这些都属于今天家猪独特的内在性质（生物学特性）。

猪驯养后，被限制行动和圈养，影响了它的运动器官的发育，一代代下去，四肢变得短而细。四肢变短细，也和向肉用方法选择有关，同时警觉性变差了，性情变得温顺。有研究资料报道，家猪的大脑半球的脑回沟数减少，并且半球皮层的相对面积也变小，比较同年龄的野猪和家猪的皮层面积，变小达 30%。

野猪皮厚毛粗密，并生有绒毛，以抵抗恶劣的自然气候条件。家猪在人类的保护下，变得皮薄毛稀，有的绒毛消失。

野猪和现代家猪在特征特性方面有着明显的区别，将来的家猪与现代家猪又会有很大差异。从当前世界趋势来看，猪将向瘦肉多、脂肪少、长得快、用料省和繁殖力高方向进一步进化。

工厂化养猪的发展，人类会为猪创造更适宜的生活条件，如应用全价配合饲料，最好的人工小气候等等，与此同时，猪的育种已不仅是杂交$\xrightarrow{\text{选择}}$近交$\xrightarrow{\text{选择}}$杂交，还将通过遗传工程来控制变异方向，这些都会大大加快猪的进化速度。摸清猪有哪些生物学特性，因地制宜地采取合乎实际情况的科学养猪措施，才能使猪生得多、长得快、发育好、省人工、省饲料、降低生产成本，提高养猪经济效益，以达到多快好省地发展养猪生产的目的。现在，从 3 方面来研究一下猪的生物学特性。

(一)为了提高猪的生产性能,加速养猪业的大发展,要从猪的生理特征和经济性状方面,来研究猪的生物学特性

1. 繁殖力强　在正确的饲养管理条件下,猪可一年产二胎,两年产五胎。以我国的北方良种猪为例,头胎平均产仔为 8 头左右,二胎可达 10～12 头,三胎以上每胎产仔 14～16 头,个别母猪有时每胎产仔达 20 头以上。

由于猪的繁殖力强,在发展养猪生产上,数量增长并不困难。如一头成年莱芜母猪,2 月份一胎产仔 16 头,公母各半;4 月份断奶配种,至 8 月份第二次分娩又生仔猪 16 头。其 2 月份所生的 8 头母仔猪,至 8 月份达到 6 月龄全配全怀,妊娠 114 天,至当年的 12 月份,8 个女儿又共生仔猪 64 头;母女产仔相加,这头莱芜母猪在当年内共繁殖近 100 头,达到了一年之内“三代同堂,百口之家”。

2. 生长发育快　猪与其他家畜比较起来,生长发育速度是很快的。以出生体重增加一倍所需的时间为例,牛需要 43 天,马需要 60 天,山羊需要 22 天,绵羊需要 15 天,而猪只需要 7～10 天,便可增加其出生体重的 1 倍。一般地方品种猪,生后 10～12 月龄,其体重可达到 80～100 kg;而培育品种猪则可达到 120～200 kg。据试验证明,一头培育品种母猪及其一年内所生的两窝仔猪,在对头一年内的总增重为 1 600～2 300 kg,甚至最高可达到 5 000 kg 以上。

由于猪具有生长发育快这一优良特性,只要饲养管理得当,便有可能在单位时间内,通过养猪生产为国家创造更多的物质财富。

3. 屠宰率高　猪与其他家畜相比较,具有屠宰率高的优良特性。一般中等营养肥猪的屠宰率为 70%左右,而中等营养肥牛的屠宰率为 50%～60%,中等营养肥羊的屠宰率为 44%～52%。

4. 肉品营养好　猪不但屠宰率较高,而且瘦猪肉的氨基酸组成和人体相似，易于消化吸收，有利于人体保健。李时珍在“本草纲目”中记述：“猪肉性寒味甘，有滋养补虚作用。”

（二）为了正确指导猪的科学饲养，提高养猪生产质量，要从饲养方面来研究猪的生物学特性

1. 猪是杂食动物　我们知道，肉食动物的犬齿和门齿很发达，臼齿呈侧扁形，齿冠具有尖锐突起，便于食肉时锉碎肉中肌纤维，草食动物门齿、犬齿均不发达，齿冠具有台面，上列槽纹，便于磨碎饲草中的粗纤维。猪是杂食动物，其齿形兼有肉食与草食动物两者的优点，犬齿、门齿和臼齿均很发达，下门齿呈并联状，且向前突出，是掘食地下动植物饲料的有利工具，臼齿则具有草食动物齿形的特征和功能。

由于猪是杂食动物，能够比较充分地利用各种饲料，因而我国采取的以精饲料为主、适当搭配青粗饲料养猪的方法，以猪的生物学特性来讲，是有其科学根据的。

2. 猪是单胃动物　在牛、羊等复胃动物的瘤胃中，生有大量共生细菌和原虫，可以分解粗饲料中的纤维素，使之变成牛、羊能够吸收利用的营养物质。猪是单胃动物，只有大肠与盲肠中共生有分解纤维素的细菌，但效果不如瘤胃中的细菌好，因此，猪一方面能够利用一部分粗饲料，特别是青绿饲料；另一方面，如果粗饲料过量，超过猪单式胃消化能力的限度，就不能获得良好的效果。猪对各种饲料的消化利用能力大致是：

（1）猪对各种青草类饲料的消化能力较强，能消化其中有机物质的 64.6％和粗纤维的 54.7％。这就是提倡大量利用青饲料养猪的科学根据。

（2）猪对于优质干草的消化利用能力也较好，可消化其有机物质的 51.2％和粗纤维的 36.4％。因此，收贮干草类饲料，要注意保证质量。

(3)猪对精饲料可消化其有机物质的76.7%和粗纤维的20.6%。

3.猪对饲料的消化利用能力与其年龄的大小是有关系的 这也是猪的生物学特性。一般地说,猪对饲料的消化利用能力,成年猪较幼年猪为强,试验证明,成年猪对有机物质、粗纤维、粗脂肪、粗蛋白质、无氮浸出物的消化率,分别比幼年猪高4.7%、16%、11.1%、12.4%和1.7%。可见幼年猪对饲料中各种营养物质的消化率均低于成年猪,而对纤维质的消化利用能力则特别低。因此,喂养成年猪时,可多喂些青粗饲料,在喂养幼年猪时,宜少喂些青粗饲料。

4.采食量大小对猪的消化能力无显著影响 据试验证明,分别用含有627 g和1 255 g干物质的日粮喂猪,前者较后者,对有机物质、粗蛋白质、无氮浸出物、粗纤维的消化率,仅分别高0.2%、4.8%、1.7%和低0.4%。由于猪具有消化利用大量饲料的能力,喂猪必须管饱,才能充分发挥猪对饲料的消化利用能力。

5.猪利用饲料转化成体脂肪的能力很强 猪利用饲料中淀粉、糖、蛋白质和脂肪等营养物质转化成体脂肪的能力,比阉牛高43%~85%,但猪利用粗纤维沉积脂肪的能力稍逊于阉牛。

猪利用粗纤维和利用淀粉、糖、脂肪、蛋白质在体内沉积的脂肪量,前者只有后者的69%、88.1%、28.2%和68.2%。因此,猪在催肥期,少喂一些纤维多的粗饲料,多喂一些精饲料,可以获得较好的催肥效果,否则,催肥期多喂粗饲料,尽管也可以催肥,但催肥的进度要慢得多。

(三)为了加强猪的科学管理,提高养猪劳动生产率,要从管理方面来研究猪的生物学特性

1.护仔性 护仔性是动物延续种性的一种本能,赖以保护其后代不受侵害,原始地方品种比近代培育品种,其护仔性要强得多,反应灵敏,行动机警,哺乳期间,一般不会压死仔猪。我国莱芜猪等地方猪护仔性特别强，偶有异样声响，便起而进行防御，甚至不让人进入猪圈，只能在产前多进圈与其接触，使之对管理人员削弱戒备心，便于分娩时能进圈接产和护理。

对培育品种猪，由于它体躯笨重，行动迟缓，护仔性弱，易于压死仔猪，应在产后1周内加强人工护仔措施。

2. 掘土性　家猪被驯化和饲养虽已有6 000多年的历史，但仍保留着野猪的掘土觅食性。利用猪之此种习性，在自然、人工栽培和茬子地上，放牧猪群，以降低养猪生产成本；在猪舍内放置一些地下深层新鲜红土，让猪自由采食，可以补充矿物质营养需要。

另外，猪的掘土性也有破坏性，猪舍的建筑一定要坚固耐久，以防止猪损坏。

3. 合群性　猪的合群性是从野猪时期保留下来的，利用这种特性，将猪组成若干不同类型的猪群，实行大群饲养管理，可以大大降低生产成本。但猪嗅觉灵敏，根据气味来辨认异已，偶有外猪入群，就会咬架拼斗，所以在分群并圈时，必须注意“并多不并少”、“并强不并弱”、“昼并夜不并”可防止咬架。

4. 好洁性　猪本是爱好清洁的动物，认为猪天生就是“肮脏货”是没有科学根据的。猪在清洁干燥的圈里，往往会找固定的地点排泄粪尿；仔猪一出生有在远离垫草地处排泄粪尿的习惯，这就是证明。利用猪的好洁性，在合群并圈时，事先打扫好猪圈，在适当的地方放几堆粪便，吸收猪到那里去排泄粪尿，经过一段时间，那里便成为猪的固定厕所了。但是，利用自然养猪法育肥时，则要干扰猪固定大小便地点的习惯，使其能随地排粪尿。

5. 模仿性　仔猪出生后不久，即表现出具有多方面的模仿性。在生产中，常利用这种习性来训练仔猪提早开食，方法是利用已经补料的仔猪来带领未开食的仔猪学吃食，经过短时间的模仿，就能学会自行采食的本领。

第二节　自然养猪法的优越性

一、投资少，造价低，建筑施工简便易行

大多数农民养猪是依靠贷款来实现的，利息是个沉重的负担，如果又在猪舍上不切实际地追求高标准，势必降低养猪效益，挫伤农民积极性。自然养猪法的基本想法是：猪舍尽可能简单，不需要大量投资，这就能腾出钱来买猪苗，买饲料，做到早盈利，早周转。建造一个饲养 100 头育肥猪的大棚，需投资 3 000 元左右，每平方米造价仅 30 元左右，只是一般猪圈的 1/5。

二、省工省力，效率高

自然养猪法的舍内构造是：在长方形的猪舍内，一端设自动食箱，另一端设自动饮水器，中间是踏踩式发酵地面。添一次饲料，可供 3 天饮食。平时不用清粪。每人可饲养育肥猪 1 000 头以上，母猪 200 头左右，提高工效 10 倍。

三、一舍多用，利用率高

养猪已成为农民的小金库，但这种收入不是很稳定的，3～5 年一个波动。当养猪效益十分低的情况下，基本母猪可以选优去劣，育肥猪可以停养一段时间，可以根据市场情况饲养其他动物，也可以种菜，或搞猪菜间作（一茬猪，一茬菜）。所以，自然养猪法可以杜绝空圈（空栏）现象，长期有效益。

四、清洁卫生

自然养猪法的实质是充分依靠有益微生物的作用，预先在饲料中加入发酵剂，排出粪没有恶臭味，把这样的粪堆集起来，每周

搅动1次，至少5次，经历80多天，成为完熟粪，把这种完熟粪均匀地铺在栏圈内40 cm。新粪尿接触完熟粪，会迅速发酵生温，杀灭虫卵及有害微生物。由于被发酵的粪尿比例很少，不会污染环境，因为没有臭味，也不会有苍蝇滋生。

五、资金回收快，经济效益高

由于自然养猪法土建投资大大压缩，可以做到首批育肥猪出栏本利双收，可以将短期贷款全部还清，获得金融部门的信誉，有利于养猪场的持续发展。

据蒙阴县畜牧研究所测算，一头生长育肥猪，可节省饲料65 kg、防治费4.2元，增加纯收入35元左右。这是因为自然养猪法的猪舍冬暖夏凉，有利于猪群生长发育，25 kg左右的幼猪，育肥110天，体重可达90～110 kg，日增重700～800 g，比一般饲养法早出栏10～20天。

六、大量节省淡水资源

我国是严重缺水国家之一，人均淡水在世界排名第110位，发展节水畜牧业已势在必行。自然养猪法比一般养猪法节省淡水90%以上，不仅节省巨额水电费，同时也有利于国家社会主义现代化事业。

第三节　自然养猪法的成功要素

自然养猪法尽管简便易行，但也必须认真地学习和完成有关配套技术，才能达到预期目的。也就是说，必须严格按照操作规程进行建设与饲养，来不得半点马虎。否则，也会导致失败。

一、猪源要素

农谚说得好："优良不优良，看看爹和娘"；"抓猪崽，看猪娘"，都强调只有优良的公、母猪交配才能产生优良的后代。

我们不仅要求饲养优良品种及其杂种后代，而且要求健康无病，特别不要有严重的传染病。

一定要从比较规范的养猪场引猪，这些猪场经严格检疫确实没有对猪危害最大的传染病，如口蹄疫、霉形体肺炎（气喘病）、传染性萎缩性鼻炎、传染性胃肠炎、赤痢（魏氏梭菌性泻痢）、弓形体病、脑炎、蓝耳病（繁殖与呼吸障碍综合征）等。

盲目从集市上收购仔猪，甚至在家坐等收购仔猪的错误做法，是使养猪失败的重要原因之一。

最根本的办法是自繁自养，即使是这样，也要严格进行清洁消毒与程序化免疫。

二、防病治病要素

贯彻防重于治的方针，在“防”字上狠下功夫，按免疫程序进行免疫。在猪场内设立隔离舍及毁尸间。

三、机具设备要素

（一）简易供水系统与自动饮水器

所谓简易供水系统，即用水箱、水缸等连接水管直通猪舍。

饮水器有多种，可以自由选用。我们建议使用鸭嘴式自动饮水器（图 1-1）。

有了自动饮水器不仅使猪可以喝到充足的清洁饮水，而且有利于猪群健康，并节约大量费用。

（二）自动食箱

为了提高日增重，缩短饲养周期，在保育、后备猪舍和生长育肥舍都采用自动食箱自由采食的方法。

自动食箱的优点如下：

（1）自动限制落料，吃多少，落多少，饲料不会被扒出，节约饲料。

(2)有间隔条限位,使猪只能用嘴吃饲料,四肢不能进入料槽,清洁卫生。

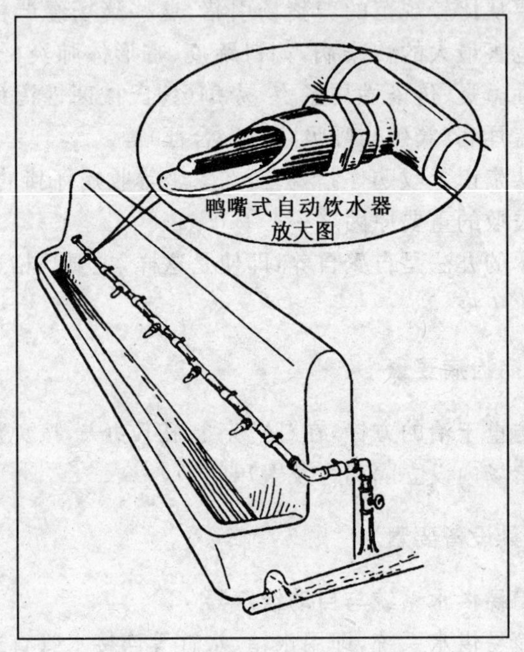

图 1-1 鸭嘴式自动饮水器

选用鸭嘴式自动饮水器,每 25 头猪一个,离圈底面高0.35～0.40 m,固定牢固,冬季注意防冻。自动饮水器下建接水槽,长 4.2 m,高 0.08 m,宽 0.1 m,内槽倾斜 35～40 度角,接水槽每隔 0.2 m 斜插一粗铁条;以防猪在里面卧睡,将剩余水流至棚外

自动食箱分单面和双面两种(图 1-2)。要求食箱漏料顺畅,必要时在料箱内加一条拨动细缆绳,使猪在 24 小时随时都可以吃上饲料。

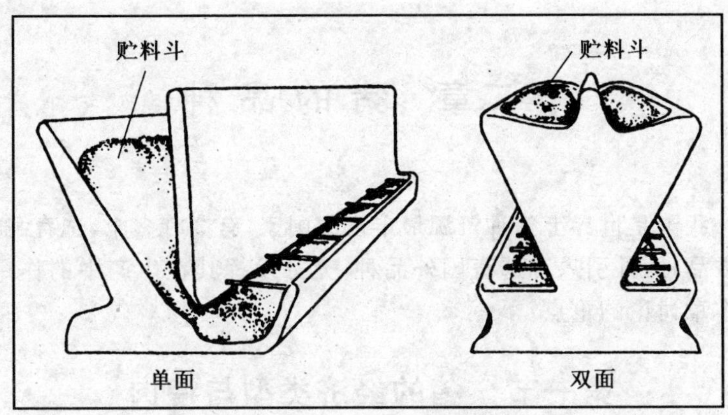

图 1-2　自动采食箱

自动采食箱分双面和单面;贮料斗根据饲料量大小设计,一般食槽宽 0.2 m,深 0.08 m,箱底离地垫高 0.12 m;食槽内间隔 0.2 m 加 1 根钢筋,以免猪进入食槽;饲养 100 头猪的采食槽长 2～3 m 为宜;料箱内设楼式插板,可调节饲料流量

四、通风换气要素

严寒季节,由于保温,常常把猪舍封得很严,这不利于通风换气,应该在顶部设换气窗。

通风换气不畅,可使猪群健康水平下降,抵抗力降低,甚至发病死亡,不可粗心大意。

五、防暑降温要素

自然养猪法非常容易保温,而到了炎热季节,需加强防暑降温措施。

六、猪群密度要素

生长育肥猪按每平方米养一头猪设计,冬天可适当多养。密度盲目加大,会妨碍猪的生长发育,过稀又不利于节约,要避免这两个极端。

第二章　猪的品种

我国是世界上猪种资源最丰富的国家，有 300 多个，选育我国地方品种，并引入和选育国外品种，充分发挥其在生产中的作用，是本章讨论的重点。

第一节　猪的经济类型与瘦肉猪的分级标准

一、猪的经济类型

猪的经济类型可分为瘦肉型、脂肪型和兼用型三种。这是由于人们根据猪的体型外貌，胴体中瘦肉和脂肪的比例，人们对肉食的选择，饲料种类的不同，经人们长期向不同方向选育而形成的。

(一)瘦肉型(肉用型)

这类猪的胴体瘦肉多，脂肪少，瘦肉占胴体比例 55%以上，世界上大多数品种都向这种类型选育，外形特点是中躯长，四肢高，前后肢间距宽，头颈较轻，腿臀丰满，体长大于胸围 15 cm，6～7 肋骨处背膘厚 1.5～3.0 cm。瘦肉型猪有效地将饲料蛋白转化为瘦肉，且蛋白生长耗能比脂肪低，所以长得快，饲料利用率高，一般 180 日龄体重可达到或超过 90 kg，料重比 1∶3 左右。长白猪和大约克夏猪属于瘦肉型品种。

(二)脂肪型

这类猪的胴体脂肪多，瘦肉少，脂肪占胴体比例为 40%～50%，外形特点是体躯宽、深、短、矮，头颈较重，体长、胸围相等或相差 2～3 cm，6～7 肋处背膘厚 5～6 cm 以上。脂肪型猪由于脂肪多，而脂肪生长耗能多，所以生长慢，料重比高。原来英国的巴克夏猪以及我国的两广小花猪、海南猪等属于此类。

（三）兼用型

这类猪的肉脂比例介于脂肪型与瘦肉型之间，各占 50％左右，外形特点也介于两者之间，体长一般大于胸围 5 cm，背膘厚 3～4 cm。前苏联大白猪、中约克夏猪以及哈尔滨白猪属于此类。

二、瘦肉型猪活体分级国家标准

本标准适用于胴体瘦肉率 55％以上的瘦肉型种猪的活体分级。

（一）单项分级

根据猪的体型外貌、品种类型、体重和活体膘厚划分为一、二、三级。

1. 外形分级

一级：头小、无明显腮肉，前后躯丰满，腹部小，体质结实、外形紧凑。

二级：头较小，稍有腮肉，前后躯较丰满，腹部较小，肢蹄结实。

三级：头较重，颈较粗、腮肉明显，后躯欠丰满，腹部较大，肢蹄欠结实。

2. 品种类型分级

一级：国外引进的优良瘦肉型品种（系）及其杂种猪，我国培育的杂优猪；国外引进的优良瘦肉型品种（系）与我国培育的瘦肉型新品种（系）间的二元或三元杂种猪。

二级：瘦肉型品种（系）间的杂种猪；国外引进的瘦肉型品种（系）与兼用型品种（系）的二三元杂种猪；培育的瘦肉型品种（系）的纯种猪；以地方品种（系）为母本，与国外引进的瘦肉型品种（系）为父本的三元杂种猪。

三级:凡不符合一、二级的瘦肉型猪均属三级(不包含地方品种猪)。

3.体重分级

一级:体重在 90～100 kg。

二级:体重在 80～89 kg 或 101～110 kg。

三级:体重在 80 kg 以下或 110 kg 以上。

4.活体膘厚分级　在最后肋骨距背中线 4 cm 处用探刺尺测定活体膘厚。

一级:膘厚在 1.8 cm 以上。

二级:膘厚在 1.9～2.5 cm。

三级:膘厚在 2.6 cm 以上。

(二)活体综合评定分级

活体综合分级时,将各单项指标按其相应的重要性给予适当的加权,再将各单项等级化为分数(表 2-1),各单位指标所得分数与其加权系数之积的和即为综合评分。

表 2-1　活体综合评定分级

项　目		外形	品种类型	体　重	膘厚
加权系数		0.2	0.2	0.25	0.35
等级	一级	100	100	100	100
	二级	80	80	80～98	84～98
	三级	60	60	60～78	82 以上

注:(1)外形和品种类型的等级分类:一级 100 分,二级 80 分,三级 60 分。

(2)体重在 90～100 kg 的猪为 100 分,每减少或增加 1 kg,则评分扣 2 分,依此类推。

(3)膘厚 1.8 cm 以下的猪为 100 分,每增加 0.1 cm 则扣 2 分,依此类推。

(4)凡综合评分在 90 分以上者为一级,80～89 分者为二级,在 79 分以下者为三级。

本标准由中华人民共和国农业部制定,1987 年 12 月 12 日批准,1988 年 7 月 1 日实施。

三、美国瘦肉型猪标准

(1)屠宰时,大腿、眼肌、肩下端肉和臀肉应占活重的 48%～55%。

(2)5 月龄时体重应达 102～109 kg。

(3)101～109 kg 屠宰时,胴体产肉达 73～77 kg。

(4)胴体长 78.7～82.5 cm。

(5)背膘厚 2.54～2.79 cm。

(6)眼肌面积 32.26 cm^2。

(7)胴体中,腿肉占 19%,腹部肉占 15.2%,背腰肉占 17%,肩下端肉占 9.7%,臀肉占 6%。

(8)饲料报酬为 3∶1。

(9)母猪每窝产 9～10 头商品猪。

四、供港瘦肉型猪标准

我国外贸部门销往香港活猪的瘦肉型猪标准是以精肉率来计算的。良种猪,精肉率 25%以上,相当胴体瘦肉率 55%～56%;特良种猪精肉率 27%以上,相当于 56%～57%的瘦肉率。

精肉率——四条腿瘦肉(包括背最长肌,俗称枚肉)重占屠宰前活重的百分比(%)。

瘦肉率——将左侧胴体的板油、肾脏去掉后,再将瘦肉、脂肪、皮及骨骼分成 4 部分,求出瘦肉所占比例。

$$瘦肉率=\frac{瘦肉重量}{骨+皮+肉+脂}\times 100\%$$

五、瘦肉型猪的特点

瘦肉型猪一般性成熟和体成熟较晚,生长瘦肉的能力强。由于瘦肉型猪胴体瘦肉量高，而饲料转化为瘦肉的效率是转化为脂肪的2.5～2.6倍，所以，瘦肉型猪生长速度快，饲料转化率高，但对饲料中的蛋白质含量要求也较高。

瘦肉型猪的外形特点是：三长，一大，一小，脸清秀。三长呈身长、腿长、嘴长；一大是指臀部大而丰满；一小是指头颈部占身长的比例小，高度育成品种是1/7，甚至1/11。脸部要清秀，没有皱褶，没有绒毛。

瘦肉型猪背膘薄、皮薄毛稀，故比脂肪型猪耐热，但耐寒性较差。瘦肉型猪对外界环境条件的变化敏感性强，适应性较差，有时会发生应激反应，出现应激综合征，严重时，还会引起肌肉变质，出现渗水，松软的灰白色的劣质肉，称为PSE肉。这种猪之所以有这些缺点，是由于长期片面向背膘薄、体型长、生长快等方面选择的结果。

六、为什么要饲养瘦肉型猪

蛋白质是人体重要的营养物质，是其他营养物质不可取代的，正如恩格斯所说："生命是蛋白质的存在形式。"为了人体保健，人们需要吃更多的瘦肉，而需要肥肉的数量逐渐变少，处于次要地位。

从经济效益考虑，养脂肪型猪也不合算。我国农村以前养的地方猪种，瘦肉率只有38%～45%，肥肉率多达35%～43%，而当今市场上肥肉与瘦肉的差价越来越大，在港澳市场，肥肉与瘦肉的价格相差10～20倍，有很多国家肥肉根本无销路，不得不作为工业原料或制成骨肉粉使用，所以，脂肪型猪不仅没有销路，而且售价极低。我国将逐渐改变以前的商品猪收购政策，按瘦肉率高低实行优质优价，预计以后的等级差价会越来越大。

从养猪生产本身来看，瘦肉型猪生长速度快，周转快，饲料转化效率高，猪每生产1 kg肥肉比生产1 kg瘦肉多消耗能量

2.25倍，也就是说，脂肪型猪每增重1 kg所需要的饲料要大大高于瘦肉型猪，据统计，膘厚(肥肉多少的重要标志)增加2 cm，日增重下降20%。瘦肉型猪具有较高的沉积蛋白质的能力，单位增重耗料少，经济效益高。

可见，大力发展商品瘦肉型猪，既适应市场的变化，又有利于提高人民健康水平，使养猪获得更好的经济效益。

第二节 猪的品种

什么是品种？品种是在特定的生态环境和饲养条件下所形成的具有相似的体型外貌，一致的生产性能，稳定的遗传力和一定数量的生物群体。

品种是重要的生产资料，只有优良的品种，才会有较高的生产力。

什么是优良品种呢？优良品种应具有优良的种质特性，如繁殖力、胴体品质、抗病力、饲料利用率等，同时遗传力要稳定。

一、优良父本品种

父本品种应选择生长发育快，胴体品质好的品种作为父本，主要是从国外引入的瘦肉型猪种，以及我国培育的三江白猪等猪种。

(一)大约克夏

1.产地　约克夏猪原产于英国北部的约克郡及其邻近地区，1852年正式确定为品种，后逐渐分化出大、中、小三型，并各自形成独立的品种，大型的称大约克夏猪。

2.外貌特征　大约克夏猪全身白色，耳稍大直立，头长直，背膘长略呈拱形，腹线平直，四肢高，是瘦肉型猪代表品种。

3.生产性能　大约克夏猪的生产性能见表2-2。

大约克夏猪繁殖力强，产仔数10～12头，在国外商品猪生产中常作为母本。

表 2-2 大约克夏猪生产性能

品种	产仔数	初生重(kg)	60日龄断奶重(kg)	成年公猪体重(kg)	成年母猪体重(kg)	日增重(g)	料肉比	膘厚(cm)	瘦肉率(%)
大约克夏(LW)	11～13	1.4	18	300～370	250～330	689～740	2.98～3.28	1.77～2.69	60～65

广东省养猪行业协会第三届种猪展销会(1997 年 6 月)拍卖经广东省种猪测定中心测定的 5 头大约克夏公猪 30～90 kg 校正日增重为 992 g,校正膘厚 1.17 cm,平均饲料报酬 2.28,其中 1 头日增重达 1 134 g。据广东省农业科学院畜牧研究所饲养的大约克夏经产母猪 148 窝的统计,产仔数 10.28 头,产活仔数 9.86 头,初生窝重 13.87 kg,60 日龄仔猪育成 8.12 头,60 日龄仔猪育成率 82.35%,受胎率 85.55%,断奶配种间隔 7 天。

大约克夏猪优点是:容易饲养,繁殖力较强,产仔数较多,生长快,饲料转化率高。缺点是后备猪发情不明显,初配受胎率较低。用大约克夏做父本与本地母猪进行二元或多元杂交,杂种优势明显。

(二)长白猪

1.产地　丹麦,原名兰特瑞斯猪。由于其体躯长,毛色全白,故在我国俗称为长白猪,它是在 1887 年用英国大白猪与丹麦本地猪杂交选育成的瘦肉型猪。目前,在欧美及日本等国分布很广,我国在 1964 年开始从瑞典、英国、荷兰等国引入多批,在我国分布仅次于大约克夏。

2.外貌特征　头小颈短,嘴筒直,耳大向前倾,体躯特别长,体长与胸围比例约为 10∶8.5,后躯特别丰满,背腰平直,稍呈拱形,皮薄,被毛白色而富于光泽。

3.生产性能　产仔数 11 头,初生重 1.4 kg,60 天断奶体重

18 kg，生后 175 天肉猪体重达 90 kg，日增重 718～724 g，料重比 2.91，膘厚 2.1～2.8 cm，瘦肉率 63%～64.5%。长白猪肋骨多达 17 对(一般猪为 14～15 对)。

广东省养猪行业协会第三届种猪展销会(1997 年 6 月)拍卖广东省种猪测定中心测定的 4 头长白猪，30～90 kg 校正日增重 967 g，校正背膘厚 1.14 cm，平均饲料报酬为 2.46，其中 2 头日增重达 1 017 g。据广东省农业科学院畜牧研究所饲养的长白猪经产母猪 113 窝的统计，产仔数 10.04 头，产活仔数 9.63 头，初生窝重14.25 kg，60 日龄仔猪育成 8.28 头，60 日龄仔猪育成率 85.98%，受胎率 91.13%，断奶配种间隔 6.29 天。

长白猪具有生长快、饲料利用率高、瘦肉率高等特点，而且母猪产仔较多，奶水较足，断奶窝重较高。20 世纪 60 年代引入我国后，经过 30 年的驯化饲养，适应性有所提高，分布范围遍及全国，但体质较弱，抗逆性差，易发生繁殖障碍及裂蹄，在饲养条件较好的地区以长白猪作为杂交改良第一父本，与地方猪种和培育猪种杂交，效果较好。

(三)杜洛克猪

1.产地　杜洛克猪是在 1860 年在美国东北部育成的。它的主要亲本是纽约州的杜洛克猪和新泽西州的泽西红毛猪，原来为脂肪型，后来改良成瘦肉型猪，这个猪种于 1880 年建立品种标准，原称杜洛克泽西(Duroc Jersey)，现简称为杜洛克猪。

2.外貌特征　全身被毛为棕红色，头轻小而清秀，耳中等大小，耳根稍立，中部下垂，略向前倾，嘴略短，颊面稍凹，体高而身较长，体躯深广，肌肉丰满，背呈弓形，后躯肌肉特别发达，四肢粗壮结实。

3.生产性能　产仔数平均 9.78 头，繁殖力稍低，但母性好，性情温和，生长快，生后 153 日龄活重可达 90 kg，肥育期间平均日增重在 700 g 以上，料重比 2.91，背膘厚 2.9 cm，瘦肉率 60%左右。

成年公猪体重 340～450 kg，母猪 300～390 kg。

湖北省黄陂县外贸良种场 1991 年通过鉴定的美系杜洛克选育系，产仔数每窝平均 10.6 头，肥育期日增重 800 g，胴体瘦肉率 64.15%。

（四）汉普夏猪

1. 产地　原产美国肯塔基州的布奥尼地区，是由薄皮猪和白肩猪杂交选育而成。由于其皮肤薄，故曾称为薄皮猪，到 1904 年才统一命名为汉普夏猪，原属脂肪型，后根据消费者的要求进行改良，改良成瘦肉型猪种，此猪广泛分布于世界各地，早在 1936 年已引入中国。

2. 外貌特征　毛黑色，肩胛、前胸和前肢呈一白带环绕，故又称银带猪，头中等大小，耳中等大小而直立，嘴较长而直，体躯较长，肌肉发达，性情活泼。

3. 生产性能　产仔数平均 8.66 头，生后 157 日龄可达 90 kg，肥育期间日增重在 700 g 以上，料肉比 3.04，背膘厚 2.8 cm，胴体瘦肉率 58%。

汉普夏猪生长快，体质结实，背膘薄，但产仔数较少，用汉普夏猪做第一父本或第二父本时，杂交效果均较明显。

（五）斯格猪

1. 产地　原产于比利时，是由比利时长白、英系长白、荷系长白、法系长白、德系长白及丹麦长白猪育成。根据原产地介绍，斯格猪是同一品种的不同品系间交配所育成的品系杂优种，其父系是比利时长白猪，母系是丹麦、德国、荷兰等长白猪，商品群是用父系的公猪和母系的母猪杂交而成，斯格猪的胴体瘦肉率达 63%～65%，是专门化品系杂优成的超瘦肉型猪。该种猪于 1981 年开始从比利时引入中国的深圳，饲养于光明合营猪场，现有存栏母猪 4 000 头。

2. 外貌特征　斯格猪的外貌特征与长白猪极为相似，毛色全白，耳长大，前倾，头肩较轻，体躯较长，后腿和臀部肌肉十分发达，四肢比长白猪粗短，嘴筒也不像长白猪那样长直，父系种猪背呈双脊，后躯及臀部肌肉特别丰满，呈圆球状。种猪性情温顺。

3. 生产性能　斯格猪生长迅速，4 周龄断奶重 6.5 kg，6 周龄 10.8 kg，10 周龄至上市体重 100 kg，饲料报酬为 2.85～3.00 kg。

初产母猪产活仔数平均 8.7 头，初生体重平均 1.34 kg，经产母猪产活仔数 10.2 头，仔猪成活率达 90%。

胴体性状极佳，屠宰率 77.22%，膘厚 2.3 cm，皮厚 0.21 cm，后腿比例 33.22%，花板油比例 3.05%，瘦肉率 60%以上。

斯格猪引入中国 16 年，经风土驯化和选育，生产性能亦有提高，在山东省济南市东郊养猪场，表现繁殖力提高，抗病力强。在湖北省食品进出口公司武昌大桥种猪场饲养的斯格猪每窝平均产仔 11.84 头，活仔 11.54 头，双月断奶窝重 225 kg，2～6 月龄日增重 600 g 以上，瘦肉率为 63.4%。1994 年湖北天门县的健康、潜江县的后湖 2 个万头猪场，用该场斯格母猪生产的杜施商品猪销往香港，良种猪比例达 80%以上，在湖北省供港基地场中名列一二名，而引起重视。

斯格猪由于胴体瘦肉率高，目前我国湖北、福建、辽宁、贵州、江苏、北京、新疆、山东、广西等省(区)市皆有饲养。斯格猪引入初期，肌肉特别发达的父系猪较易发生应激综合征，出现肌肉僵直，皮肤发绀，呼吸困难，心脏衰竭而突然死亡，经选育和风土驯化近年已有很大改善，新疆某农场从深圳光明农场用汽车运输斯格公猪回去改良当地猪种，路上行程 14 天，无一头死亡。近年，光明合营猪场改用杜洛克做终端父本，剔除了有应激基因的品系，生产杜斯商品猪，1995 年销往香港商品猪 39 000 头，途中死亡 8 头，死亡率为万分之二，可见，应激综合征已被克服。

(六)皮特兰猪

1.产地　原产比利时，在比利时的稀拉邦特(Brabant)附近，用本地猪与贝叶猪(Bayeux)杂交，再与泰姆沃斯猪(Temworfh)杂交选育而成，1955年才被公认，是最近在欧洲开始流行的品种，20世纪90年代开始引入我国。

2.外貌特征　毛色灰白，而夹有黑色斑点，有的还夹有部分红色，耳中等大小而向前倾，体躯宽而较短，肌肉特别发达，臀部发育特别丰满。

3.生产性能　产仔数平均9.7头，背膘薄，最突出的优点是胴体瘦肉率高，并能在杂交中显著提高其杂种瘦肉比例。

其缺点是生长较慢，特别是90 kg以后生长显著减慢，肌肉纤维也较粗。

(七)迪卡猪

迪卡猪是美国迪卡猪(DEKALB)公司推出的四系“杂优猪”(Hybrid)。A系为父系的父系，B系为父系的母系，C系为母系的父系，D系为母系的母系。A系♂×B系♀得到AB♂，C系♂×D系♀得到CD♀，AB♂×CD♀得到ABCD♂♀，用于育肥。这种杂交配套方式，是经过配合力测定确定下来的，不可随意改变。

二、我国地方优良母本品种

母本品种应选择分布广、适应性强、繁殖力强、母性好和泌乳力高的品种。我国大多数品种，以及繁殖力较高的大约克夏、长白和斯格等都可作为母本使用。

我国幅员辽阔，气候饲养条件千差万别，经济水平也有很大差异，因此，造就了各式各样的品种。

中国猪种的共同优点是性成熟早，发情明显，繁殖力强，肉质好，鬃长质优，耐粗饲，抗病力和抗不良环境力都强。

我们观察到莱芜母猪在哺乳前，先用声音及嘴驱赶仔猪离开母体，然后前肢跪曲，全身伏卧，侧身转体，四肢伸张让出两列乳头等 5 步分节动作，如此，一个小猪也不会压死。这种优良特性是国外品种所无法比拟的。

中国猪种对世界养猪育种业曾做出巨大贡献。古代从西汉(公元前 206 年至公元前 25 年)即与西方大秦国(即罗马帝国)有了贸易往来，到隋(公元 589—617 年)唐(公元 618—906 年)即建立了直接通商通使关系。英国从 18 世纪初引入了我国广东猪种，育成了世界著名的巴克夏和约克夏。如今世界上绝大多数的优良猪种，几乎都有中国猪的血液。

一个品种就是一个基因库，当代育种业中，要想提高其产仔数或改善肉的品质，中国地方猪种有很大的竞争力。

根据外形特点，生产性能，自然气候，农业生产，饲养条件以及人们流动情况，将我国地方猪种划分为 6 大类型。

(一)华北型猪

分布于淮河、秦岭以北广大地区，包括东北、华北全部以及山东、河南、新疆、宁夏以及陕、皖、苏各省的北部，青海的西宁地区附近、四川广元小部分地区，也包括在内。

地区特点：气候干燥、寒冷，无霜期短，放牧兼舍饲，饲养较粗放，阳光充足，土壤中钙质多，磷也多。

猪种特点：体质健壮，骨骼发达，体躯高大，四肢粗壮。头平直，嘴筒长，皮厚，皱褶多，毛粗密，鬃毛发达，冬季有棕色绒毛。耳大下垂，背毛全黑。

生产力特点：繁殖力较强，胎产 12 头以上，母性好，肉质好，耐粗饲、抗逆性强，鬃长质优，神经平衡、灵活，易于调教，爱清洁；缺点是体躯结构不良，饲料利用率较差。代表品种是民猪。包括莱芜猪、淮猪、河北深县猪、安徽定远猪、内蒙古河套大耳黑猪，山西大马身猪、二马身猪、河南淮南猪，西北八眉猪。

(二)华南型猪

分布：云南的西南和南部边缘，广西、广东偏南的大部地区，福建的东南角，海南和台湾。

地处亚热带海岸，雨量充沛，气候适宜，农作物一年三熟，饲料条件好。人口稠密，市场活跃。

体型：矮、短、宽、圆、肥。头小、腿短、骨细、凹背，腹部下垂拖地，黑色或黑白相间。

华南猪新陈代谢旺盛，早熟易肥，体质疏松，产仔数较少，常8～9头，膘厚4～6 cm以上，多达8 cm。

代表猪种是：两广小花猪，包括滇南小耳猪、五指山猪、香猪、奥东黑猪、海南猪、槐猪、台湾猪等。目前，实验用五指山猪已培育成功。

(三)华中型猪

分布于长江和珠江的广大地区。

该区气候温暖，雨量充足，自然条件好，蛋白质饲料较多，更适合猪的生长发育。

体型外貌近似华南猪，生产性能介于华南猪和华北猪之间。

代表品种是金华猪。包括宁乡猪，广东的大花白猪、湖北的监利猪、赣中南花猪、皖南花猪、贵州的关岭猪、闽北黑猪等。

(四)江海型(华北华中过渡型)

分布：主要分布于汉水和长江中下游，其次是沿海平原地区以及秦岭和大巴山之间的汉中盆地。

该区为华北、华中交错地带，人口稠密、工商业发达。稻类多熟，精料、青粗料和多汁料均丰富。喂法细腻，多为舍饲。

体型较华北型细致，繁殖率最高，性成熟早。生产性能和外形差别大，体格大小不一。

代表品种是太湖猪。包括陕西的安康猪，浙江的虹桥猪，江苏的姜曲海猪。

太湖猪已出口法国等好几个国家，以其繁殖力强而著称，生长发育也较快，缺点是过于迟钝，胴体瘦肉率较低。

（五）西南型

分布于云贵高原和四川盆地。

该区气候温和，较湿润，碳水化合物饲料、青绿多汁料和甘薯秧等都较多。多为舍饲，贵州省西北部相当一部分进行放牧。

西南型猪性温顺、耐粗饲，屠宰率低，产仔多为 8～10 头。

代表品种是：内江猪、荣昌猪、贵州乌金猪等。

优点：耐粗饲，产仔较多、性温，与山东地方黑猪杂交，杂种优势显著。

缺点：皮厚、毛粗、骨粗、屠宰率低，瘦肉比重少，经过十几年选育川猪有变瘦的趋势。

（六）高原型

主要分布在青藏高原及其邻近高原区。

高原猪体小，紧凑，四肢有力，蹄小结实，耳小直立，嘴尖长而直，腹紧臀斜，心脏发达，皮厚，鬃毛发达，有绒毛。

属小型晚熟类型。饲料条件很差，以茶叶渣和糌粑渣为主。

公猪 1 岁性成熟，2 岁配种，利用 5 年。母猪 1 岁达性成熟，1.5～2 岁配种，繁殖年限 6～7 岁，一年一胎，每胎 4～8 头，妊娠期为 113 天，代表品种是藏猪和合作猪。

三、我国培育肉脂兼用型品种

我国上述地方猪种多属偏脂肪的脂肉兼用型品种。以这些猪为母本，以外来品种猪杂交育成了众多的肉脂兼用型品种，如上海白猪、浙江中白猪、北京黑猪、哈尔滨白猪、汉中白猪、新淮猪、山西黑猪、五莲黑猪、里岔黑猪等，生产性能大同小异。其生长速度、饲料利用率和胴体品质都有不同程度的提高。

(一)哈尔滨白猪

1.产地与分布　产于黑龙江省南部和中部地区。

2.培育过程　1896年曾用俄国猪杂交,以后又引入大约克夏、巴克夏与当地猪杂交,形成白色杂种猪群。1958年从苏白公猪回交的二代杂种猪中选育成。

3.体型外貌　体型较大,两耳直立,颊面微凹,背腰平直,腹大不下垂,腿臀丰满,四肢强健,体质结实,毛白色。

4.生长肥育性能　哈白猪在每千克配合饲料含消化能12.56 MJ、粗蛋白16%的营养条件下饲养,肥育猪体重在15～120 kg阶段,平均日增重587 g,每千克增重消耗配合饲料3.7 kg和青料0.6 kg。体重115 kg左右时屠宰,屠宰率75%左右,眼肌面积30 cm^2 左右,臀腿比例26%左右。体重90 kg屠宰,胴体瘦肉率45%以上。

5.繁殖性能　母猪初情期为160日龄左右,发情周期20天左右,发情持续期2～3天。母猪一般在8月龄,体重90～100 kg,公猪在10月龄,体重120 kg左右时开始配种。初产母猪平均产仔数9.4头,产活仔数9头;经产母猪平均产仔11.3头,产活仔数10.8头。

6.杂交利用　哈白猪与民猪、三江白猪和东北花猪进行正反杂交,其杂种猪在肥育期的日增重和饲料利用率均呈现出较强的杂种优势。

7.优缺点　耐寒,耐粗饲,肥育期生长快,繁殖性能好,但外观特征变异大,脂肪偏多。

(二)北京黑猪

1.产地与分布　产于北京双桥农场和北郊农场,分布于京郊各区、县。

2.培育过程　由巴克夏、中约克夏、苏联大白猪、新金猪、吉林黑猪、高加索猪等与华北型的本地猪进行广泛杂交,在杂种猪群中，选留黑色种猪培育而成。

3. 体型外貌　体质结实，结构匀称。头大小适中，两耳向前上方直立或平伸，面微凹，额较宽，背腰较平直且宽，四肢健壮，腿臀较丰满，全身被毛黑色。

4. 生长肥育性能　北京黑猪在每千克配合饲料含消化能12.56～13.4 MJ、粗蛋白14%～17%的条件下饲养，生长肥育猪体重20～90 kg阶段，日增重达600 g以上，每千克增重消耗配合饲料3.5～3.7 kg。体重90 kg屠宰，屠宰率72%～73%，胴体瘦肉率49%～54%。

5. 繁殖性能　母猪初情期6～7月龄，发情周期为21天，发情持续期2～3天。小公猪3月龄出现性行为，6～7月龄，体重70～75 kg时可用于配种。初产母猪每胎产仔数9～10头，经产母猪平均每胎产仔数11.5头，平均产活仔数10头。

6. 杂交利用　用长白猪做父本与北京黑猪杂交，一代杂种猪体重20～90 kg阶段，日增重650～700 g，每千克增重消耗配合饲料3.2～3.6 kg。体重90 kg屠宰，胴体瘦肉率54%～56%。

7. 优缺点　体型较大，与长白、大约克夏和杜洛克猪杂交效果良好，但瘦肉率不高，体型一致性稍差。

(三)上海白猪

1. 产地与分布　产于上海市郊的上海和宝山两县。

2. 培育过程　鸦片战争后，由于外侨带来一些白色猪与当地太湖猪进行长期无计划的复杂杂交形成的白色杂种猪群，解放后曾引入中约克夏猪和苏白猪血液经多年选育成。

3. 体型外貌　体型中等偏大，体质结实，头面平直或微凹，耳中等大略向前倾，背宽，腹稍大，腿臀丰满，被毛白色。

4. 生长肥育性能　上海白猪在每千克配合饲料含消化能11.72 MJ的营养水平下饲养，体重在20～90 kg阶段，日增重615 g左右，每千克增重消耗配合饲料3.62 kg。体重90 kg屠宰，平均屠宰率70%。眼肌面积26 cm^2，腿臀比例27%，胴体瘦肉率平均52.5%。

5. 繁殖性能　公猪多在8～9月龄、体重100 kg以上开始配种。母猪初情期为6～7月龄，发情周期19～23天，发情持续期2～3天，母猪多在8～9月龄配种。初产母猪产仔数9头左右，3胎及3胎以上母猪产仔数11～13头。

6. 杂交利用　用杜洛克猪或大约克夏猪做父本与上海白猪杂交，一代杂种猪在每千克配合饲料含消化能12.56 MJ、粗蛋白质18%左右和采用干粉料自由采食条件下，体重20～90 kg阶段，日增重为700～750 g，每千克增重消耗配合饲料3.1～3.5 kg。杂种猪体重90 kg屠宰，胴体瘦肉率60%以上。

7. 优缺点　瘦肉率较高，生长较快，产仔较多，但部分猪后腿欠丰满，青年母猪初配较难掌握。

四、我国育成的瘦肉型新品种

(一)三江白猪

三江白猪是以长白猪和东北民猪为亲本，进行正反杂交，再用长白猪回交，杂交后裔经6个世代定向选育而培育成功的。

1. 产地与分布　主要产于黑龙江省东部合江地区境内的国营农牧场及其附近的县、区养猪场。产区北靠黑龙江、东依乌苏里江，位于松花江流域中部，为著名的三江平原地区，地势平坦，土壤肥沃，盛产麦类、大豆、玉米等作物，饲料资源十分丰富，尤其是豆饼类饲料，这就为发展肉用型猪提供了充足的蛋白质饲料。但是，当地气候严寒，冬季持续期长(无霜期约125天)，温差较大，最高气温35℃，最低气温为－41℃，年平均气温约2℃，这就要求所饲养的猪必须具有对寒冷的适应性。一般外国引入的肉用型猪多不能适应当地气候条件，而难以饲养繁殖。

2. 育成结果　由零世代开始连续进行五六世代的横交和选

择，到 1982 年末，核心猪群的各项性状均已达到育种指标（表 2-3）。

表 2-3　主要性状与育种指标比较

指标	6 月龄体重（kg）	饲料利用率（kg）	平均背膘厚（cm）	胴体长（cm）	腿臀比例（%）	瘦肉率（%）	初产		
							产仔头数	初生重（kg）	50日龄断乳窝重（kg）
育种方案	85.00	3.50	3.00	95.0	30.00	58.0	10.0	1.10	105.00
实际达到	84.63	3.51	2.90	96.0	30.04	59.0	10.2	1.08	103.64

3. 体型外貌　头轻鼻长，耳下垂，后躯丰满，四肢强健，蹄质结实，乳头 7 对，排列整齐，被毛全白，整个躯体呈流线型，具有肉用型猪的体躯结构。

4. 生长发育　据对 6 世代三江白猪（1 160 头）的统计，仔猪 50 日龄断乳体重 13.94 kg，4 月龄（416 头）46.90 kg，6 月龄（359 头）体重 84.22 kg，体长 119.68 cm，腿臀围 85.72 cm。

5. 繁殖性能　三江白猪继承了民猪亲本在繁殖性能上的优点，性成熟较早，初情期约在 4 月龄，发情征候明显，配种受胎率高，极少有繁殖疾患。种猪 8 月龄即可配种，初产母猪产仔 10 头以上，经产母猪产仔 13 头，60 天断奶全窝成活 10 头以上，窝重 160 kg。

6. 肥育性能　肉猪平均日增重 500 g 以上，180 日龄体重可达 90 kg，料重比 3.5∶1，平均背膘厚 2.9 cm，胴体瘦肉率 59%，腿臀比例为 30.04%。三江白猪肉色鲜红，系水力强，无苍白、松软、渗水的猪肉（PSE 肉），而且肉质细嫩，肉味鲜美。

7. 杂交利用　三江白猪与哈白、苏白和大约克夏的正、反杂交在日增重上均呈现杂种优势（表 2-4）。以三江白猪为父本的反交组合均优于相应的正交组合，这为在杂交时利用三江白猪做父本提供了依据。

表 2-4 不同组合的肥育性能

组合		日增重		饲料利用率	
父本	母本	(g)	优势率(%)	(kg)	优势率(%)
苏白	三江白	561	30.47	4.57	−11.26
三江白	苏白	577	34.19	4.19	−18.64
哈白	三江白	596	8.36	4.39	−0.23
三江白	哈白	619	12.55	4.17	−4.79
大约克夏	三江白	572	11.50	4.19	2.7
三江白	大约克夏	615	19.88	4.05	−0.74

以杜洛克为父本与三江白猪杂交，所得杂种猪日增重为629 g，饲料利用率为 3.28 kg，瘦肉率为 62.06%，这为生产商品瘦肉猪展示了良好的前景。

(二)湖北白猪

湖北白猪是在 1973 年开始品种观察、杂交组合试验的基础上，用英国大白猪、丹麦、英国、瑞典、法国的兰得瑞斯猪和地方优良品种(通城猪、荣昌猪)杂交育成，1986 年经过鉴定验收成为我国第 2 个瘦肉型新猪种。

1. 产地与分布　原产湖北省武汉市，分布于湖北省江汉平原数十个国营农场。产区沃野千里，鱼米之乡，江南粮仓，粮食丰富，饲料充足。全省有武汉、黄石等工业重镇，大中小城市人口占全省人口的 1/3，城市需要大量瘦猪肉。据 1963—1965 年全省猪种普查，在经济条件较好的江汉平原、鄂东丘陵地区，不满足现有地方品种的生产性能，而形成数百万头高血杂种猪群。湖北省每年外贸出口的生猪达 46 万头，很多国营农场成为集约化商品猪出口基地，因港澳市场需求肉猪瘦肉率高，三品种杂交猪已不符合需要，而在进行四元杂交，采用此种方法，一场须养多个品种，繁育体系复杂。少数场试图完全用外国品种杂交，但繁殖力低，适应性差，饲养条件要求高，多因经济效益低而告失败，这就是湖北白猪产生的历史背景。

2. 育成结果　1978 年湖北省科委正式下达选育瘦肉型湖北白猪及其新品系选育的研究任务，由华中农业大学牧医系和湖北省农业科学院畜牧研究所共同承担。

湖北白猪的育成过程，大致可分为几个阶段：1973—1976 年为引种杂交试验阶段，并筛选出大长本[大白猪×(长白猪×本地通城猪)]优选组合；1977—1978 年研究制定育种方案，生产大长本杂种猪；1978—1980 年组建品系基础群，进行多世代的闭锁群选育，相应建立一般育种群；1980—1986 年育成五个品系，Ⅲ系已完成 6 个世代的选育，Ⅳ系已完成 4 个世代的选育，Ⅲ、Ⅳ系各项主要性状达到或超过育种目标(表 2-5)。

表 2-5　各性状达到指标与育种目标比较

肥育猪	达 90 kg 日龄	日增重 (g)	料重比	平均背膘厚 (cm)	眼肌面积 (cm^2)	腿臀比 (%)	瘦肉率 (%)	经产猪产仔数	断奶窝重 (kg)
育种指标	188	600	3.5	3.3	26	30	55	12	160
Ⅲ系达到	188	622	3.17	2.9	30.2	32	58	12.78	182
Ⅳ系达到	174	622	3.45	2.4	34.6	31.6	62	12.93	219

湖北白猪的育种工作是品系、品种同时选育，始终以品系选育工作为重点。在育成的五个品系中既具品种共性，又各具特点，如Ⅲ系繁殖力高，适应性好，而Ⅳ系瘦肉率、产肉量较高。

3. 体型外貌　体型外貌一致，被毛全白，耳前倾稍下垂，中躯较长，腿臀丰满，肢蹄结实，有效乳头 12 个以上。湖北白猪遗传性已基本稳定，4 世代以后已无非白毛猪出现。

4. 生长发育　后备猪测定结果见表 2-6。

5. 繁殖性能　湖北白猪各系的繁殖性能见表 2-7。

表 2-6 各系后备猪测定结果

性别	品系	世代	头数	断奶体重(kg)	4月龄体重(kg)	6月龄体重(kg)	2～6月龄日增重(g)	活体膘厚(cm)
公猪	Ⅳ	4	30	20.72	57.19	96.09	628	0.91
	Ⅲ	5	5			90.1	562	
母猪	Ⅳ	4	116	19.35	50.53	82.53	526	0.94
	Ⅲ	5	37			87.14	545	

表 2-7 各系繁殖性能

品系	世代	胎次	窝数	产仔数	活仔数	育成数	初生窝重(kg)	断奶窝重(kg)
Ⅲ	5	1	37	10.87	10.57	9.46	11.63	151.88
		2	37	12.85	12.32	10.48		188.18
Ⅳ	3	1	39	9.92	9.26	8.54	12.48	148.86
		2	60	11.48	10.85	9.15		172.70

6. 肥育性能　湖北白猪肥育性能见表 2-8。

表 2-8 各系肥育性能

品系	世代	头数	育肥期日增重(g)	达 90 kg 日龄	料重比
Ⅲ	6	21	622	188	3.17
Ⅳ	4	30	621	174	3.45

湖北白猪胴体品质见表 2-9。

表 2-9 各系胴体品质

品系	世代	头数	后腿比率(%)	平均膘厚(cm)	眼肌面积(cm^2)	瘦肉率(%)
Ⅲ	6	21	32.03	2.91	30.21	58.03
Ⅳ	4	30	31.69	2.49	34.62	62.37

7. 杂交利用　以杜洛克猪和湖北白Ⅲ系杂交的性能较好，汉

普夏和湖北白猪Ⅲ系次之，长白和湖北白猪Ⅲ系最差。经万头生产示范证明，以湖北白猪Ⅲ系为母本，以杜洛克为父本的杂种猪产仔数在 12 头以上，育成数 10 头以上，生长肥育猪平均日增重 652 g，料重比 3.49，瘦内率 62.49%，平均育肥期较原来缩短 52 天，料重比降低了 17.12%。

1985 年，又进行以湖北白猪Ⅳ系为母本，以杜洛克、汉普夏、丹麦长白猪为父本的杂交组合试验，结果表明：杜湖Ⅳ系日增重最高达 785 g，料重比 3.11，平均背膘厚 1.98 cm，眼肌面积 34.6 cm^2，腿臀比例 32.25%，瘦肉率 64.65%，均高于其他组合，而且肉色鲜红。据 9 窝统计，杜湖杂交组合产仔数平均为 13.78 头，存活 12.44 头，断奶窝重平均 206.64 kg。

(三)鲁烟白猪

2007 年 1 月 16～18 日，山东省农业科学院畜牧兽医研究所和莱州市畜牧兽医站申报的鲁烟白猪新品种，通过国家畜禽遗传资源委员会猪专业委员会审定。

(1)鲁烟白猪是以烟台黑猪为母本、以丹系长白猪为第 1 父本、以斯格猪为第 2 父本，从 1993 年开始，通过杂交、横交固定培育而成。

(2)鲁烟白猪体型外貌基本一致。毛色和肤色全白，体型较大，头平直中等大小较清秀，耳中等大稍前倾，背平直，后躯较丰满，母猪腹部不下垂，乳头数 7～8 对，排列均匀、整齐。

(3)鲁烟白猪遗传性能基本稳定。经测定，核心群初产猪产活仔数 10.24 头，20 日龄窝重 57.68 kg；经产猪产活仔数 12.73 头，20 日龄窝重 75.30 kg，繁殖性状变异系数 20%以下。经农业部种猪质量监督检验测试中心(武汉)测定，30～100 kg 体重育肥期日增重 792 g，料重比 2.79∶1，屠宰率 73.8%，胴体瘦肉率 61.7%，眼肌面积 36.54 cm^2，生长性状变异系数小于 10%。

(4)鲁烟白猪现有 1 个核心育种场、16 个扩繁场，核心群及扩繁群母猪 1 100 余头、公猪 30 余头，三代内无亲缘关系的家系 12 个。经测算，其中 70%以上的个体符合品种标准要求。

(5)鲁烟白猪是优良的母本新品种。现已中试推广母猪万余头。各地饲养实践证明，鲁烟白猪繁殖性能好、生长速度快、适应性强、瘦肉率适中、肉质较好、适合作为杂交母本。以鲁烟白猪新品种做母本，引进的杜洛克猪等瘦肉型猪做父本，进行杂交利用研究。平均日增重达到 803 g、瘦肉率高达 65.54%，肉质良好。

第三章 猪的经济杂交

充分利用杂种优势，是降低商品猪生产成本，提高养猪经济效益的重要措施之一。近代育种学在杂种优势利用上有了巨大的发展，一些畜牧业先进国家，90％以上的商品猪产自杂种猪。在方法上也日趋精确和高效，已由一般的种间或品种间杂交，发展成“配方化”阶段，即一定的杂交组合，在一定的饲养管理条件下，经过一定的时间，一定能生产出一定规格的产品。

第一节 杂种优势产生的一般规律

杂交是遗传上不同品种、品系或品群间的相互交配。

杂种优势是指后代的生活力和生产力高于双亲(父和母)的平均值的程度。

获得杂种优势的一般规律如下：

(1)取决于双亲在遗传上的差异程度。一般来说，亲本差异越大，杂交效果越明显。因此，要选择在遗传上、来源上和亲缘关系上差异较大的品种或品系进行杂交。

(2)不同经济性状表现的杂种优势不同，猪的许多性状如产仔数、泌乳力、生长速度、饲料利用率、体质、抗病力等是由许多对不同遗传类型的基因决定的。因此，杂种优势表现的程度也不一样。

近亲繁殖时容易出现退化的性状，杂交时也易显示杂种优势，生命早期表现的性状，如仔猪成活率，断奶窝重容易显示杂种优势。生命后期表现的性状，如胴体品质等，杂交时所受影响较小。

遗传力低的性状容易呈现杂种优势，遗传力高的性状不易呈现杂种优势，如产仔数遗传力低，为0.15～0.17，但杂交时很容易出现杂种优势。遗传力中等的性状，杂交时有中等的杂交优势，如断奶后的增长速度(h^2＝0.22～0.41)和饲料利用率(h^2＝0.3～0.48)属于遗传力中等的性状，受加性和非加性基因的影响中等。据统计，杂交优势率年平均约为5％，而且变异幅度大。

遗传力高的性状，不易获得杂种优势，杂交的影响很小。如胴体长度(h^2＝0.62)、椎骨数(h^2＝0.75)、背膘厚度(h^2＝0.4～0.7)、眼肌面积(h^2＝0.4～0.7)、大腿比例(h^2＝0.4～0.56)等，这些性状遗传力高，主要受加性基因的影响，通过杂交改进不大。

第二节　创造获取杂种优势的基本条件

要获取杂种优势，必须依次具备以下几项条件。

一、杂交亲本的选择

如前所述，亲本遗传基础(基因型)差异越大，杂种优势表现就越明显。例如，瘦肉型×脂肪型、南方品种×北方品种、白毛猪×黑毛猪等优势都明显。

二、配合力测定(即杂交组合试验)

配合力测定是指不同品种和品系间配合效果的试验，是研究杂种优势利用的主要环节。生产实践和科学研究证明，一个品种(品系)在某一组合中的表现也许不理想，而在另一组合中表现可能比较理想，因此，不是任意两个品种(或品系)的杂交都能获得杂种优势。配合力表现的程度受多方面因素影响：不同品种(品系)相互配合的效果不同；同一组合里不同个体间配合的效果也不一样；不同组合在相同环境里表现不同；同一组合在不同环境里表现不同。

我们必须仔细进行配合力测定工作,经过总结、分析、找出适合于本地区的优秀杂交组合。

三、杂交方法的选择

杂交方法直接影响杂交效果。杂交时是采用两品种的简单杂交或多品种杂交,或轮回杂交,或品系间杂交需要根据当地的市场需要和自然经济条件、猪群的情况、技术水平、饲养管理水平和杂交组合测定效果来决定。此外,还要合理安排试验群和对照群,即应有两亲本的纯种繁殖群作为对照,这样才能衡量杂种优势的效果,只有对纯种做出可靠的评价,才能肯定杂交效果如何。

四、创造适宜的饲养管理条件

性状的表现是遗传基因与环境共同作用的结果。在环境条件中,营养对杂种优势的影响较大,有一些组合在高营养水平表现较好,在中等营养水平表现较差;另一些组合在中等营养水平较好,在高水平营养表现也没有提高。

饲养方法对杂种优势也有影响。试验表明:在限量饲喂的条件下,对杂交一代的饲料利用率有好处;而在不限量条件下对日增重有利。此外环境温度对杂种优势的表现也有影响。

第三节 猪的经济杂交方式

猪的杂交方式有多种,下面我们就国内外目前最常用的 6 种杂交方式加以介绍。

一、两品种固定杂交

两品种固定杂交又称二元杂交或简单杂交,是利用两个品种或品系的公、母猪进行杂交,杂种后代(F_1)全部作为商品育肥猪。

二元杂交的模式见图 3-1。

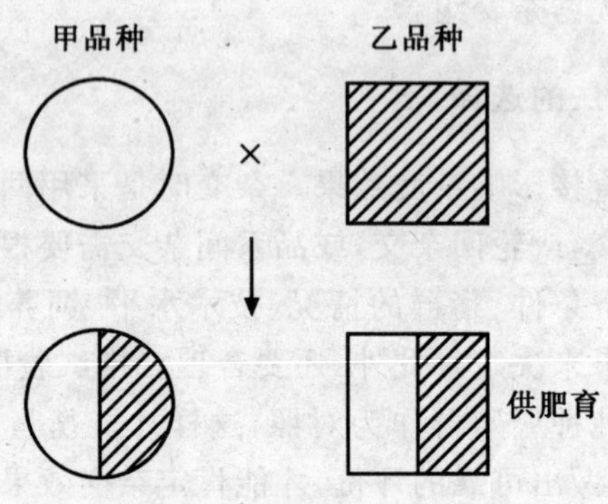

图 3-1 两品种杂交示意图

优点：简单易行，筛选杂交组合时，只有一次配合力测定，能获得 100%的后代杂种优势。因此，这是养猪商品生产中应用广泛且比较简单的一种方法。

缺点：母系、父系杂种优势均得不到利用。因为双亲均为纯种，而杂一代又全部用作肥育。

这种杂交方法简单易行，特别是在选择杂交组合时较为简单，只需做一次配合力测定，而且杂种优势明显，并具有良好的实际效果。很多试验表明：猪的平均日增重优势率为 6%左右，饲料利用优势率约 3%。

二元杂交的杂交组合，大体上有如下几种类型。

本地种×地方良种

地方良种×引入品种

地方良种×国内新培育的品种

引入品种×引入品种

现分别按上述四个类型的二元杂交试验效果，归纳如下。

(一)本地种×地方良种(表 3-1)

表 3-1　北京本地母猪与内江公猪杂交结果　kg

品种 母	品种 公	产仔数	初生重	30日龄窝重	60日龄窝重	肥育成绩 始重	末重	日增重	饲料利用率
北京本地	内江	9.2	0.87	40.35	14.00	20.25	74.25	0.365	2.75
北京本地	北京本地	9.0	0.62	32.70	9.10	14.90	51.00	0.245	3.85
内江	内江	7.7	0.79	39.65	10.65	15.35	49.50	0.230	4.06

(二)地方良种×引入品种(表 3-2、表 3-3)

表 3-2　大花白猪二元杂交肥育性能比较

父本	母本	头数	始重(kg)	终重(kg)	饲养天数	日增重(g)	每千克增重耗 混合料(kg)	可消化能(MJ)
汉普夏	大花白	5	20.53	98.74	131	606	3.85	45.16
约克夏	大花白	6	21.04	98.05	140	555	3.74	43.85
长白	大花白	6	21.25	98.88	141	554	3.47	40.67
大花白	大花白	5	27.85	96.84	145	481	4.58	53.69

山东省农业科学院畜牧兽医研究所筛选的较好杂交组合：

大约克×崂山猪二元组合：平均 182.60 日龄体重 90.99 kg±7.88 kg，日增重 657 kg±95 kg，每千克增重需精料 3.10 kg±0.25 kg，四块肉占胴体 39.54%±3.15%，瘦肉率 53.47%±3.76%。

杜洛克×崂山猪二元组合：平均 176.62 日龄体重 91.10 kg±6.67 kg，日增重 658 g±85 g，每千克增重需精料 2.99 kg±0.17 kg，四块肉占胴体 42.79%±2.24%，瘦肉率 57.40%±2.82%。

(三)地方良种×国内新培育的品种

我国从 20 世纪 60～70 年代中期，曾掀起南、北猪杂交热潮，的确在日增重上取得了较好的效果，但在胴体性状方面，杂交效果不明显。现以北京黑猪与内江、荣昌和宁乡猪的杂交为例，见表3-4、表3-5。

表 3-3 外种猪与大花白猪杂交在胴体性状上的比较

父本	母本	宰前活重(kg)	屠宰率(%)	膘厚(cm)	眼肌面积(cm^2)	胴体组成(%)			
						肉	脂	皮	骨
杜洛克	大花白	91.20	70.35	3.61	28.85	48.52	31.51	9.59	10.38
汉普夏	大花白	91.92	71.02	3.67	29.20	48.63	31.78	9.74	9.85
长　白	大花白	91.10	68.58	4.23	22.43				
大花白	大花白	86.37	68.89	5.20	19.85	40.38	38.38	11.92	8.87

表 3-4 国内二品种杂交的效果 g,%

组　合	双亲平均日增重	杂一代平均日增重	杂种优势率
内江×北京黑	564	620	10
宁乡×北京黑	596	711	19
荣昌×北京黑	516.7	588.3	13.8

表 3-5 国内品种正、反杂交在胴体性状的杂交效果 cm

组合	屠宰率(%)	膘厚(cm)	腹油比例(%)	胴体品质				腿臀比例(%)
				皮(%)	骨(%)	肉(%)	脂(%)	
北京黑	73.25	4.5	5.14	13.03	7.6	43.7	35.6	25.78
内江	73.24	4.78	6.28	17.8	9.0	40.7	32.5	26.40
宁乡	71.66	6.09	8.18	14.3	6.96	36.93	41.8	24.75
内、北 F_1	75.28	5.28	4.95	11.6	10.10	44.1	34.2	24.5
北、内 F_1	74.14	4.88	5.58	12.2	9.0	44.4	34.4	25.03
宁、北 F_1	73.01	5.52	6.17	9.44	9.2	43.76	37.6	26.50
北、宁 F_1	74.99	5.73	7.72	9.92	9.58	39.4	41.1	25.27

引自北京市畜牧所发表资料。

从表 3-5 初步分析，不论正交或反交，杂种的膘厚都超过双亲平均值，说明我国猪种的脂肪性状、杂种优势表现强。从杂种瘦肉率来看，杂种优势表现很低，说明仅靠国内品种间的杂交是难以生产出理想的商品瘦肉猪。

(四)引入品种×引入品种

利用丹麦长白猪与大约克夏猪，或杜洛克猪与丹麦长白猪二品种杂交组合的繁殖性能和肥育效果见表 3-6。

表 3-6 纯种间杂交的效果比较(经产母猪) MJ,g

组别	繁殖性能				肥育性能					
	产仔数	60天活仔数	断奶窝重(kg)	哺育率(%)	达90 kg日龄	每增1 kg		胴体品质		
						DE	DCP	均膘厚(cm)	眼肌面积(cm^2)	瘦肉率(%)
长×大	10.10	8.31	141.8	83.8	204	37.03	390	3.53	29.36	57.83
杜×大	8.67	7.8	120.3	91.07	188	41.97	442	3.12	33.7	58.87

深圳市广三保养猪公司万丰猪场引进的瘦肉型猪两品种杂交肥育性能见表 3-7。

表 3-7 引进瘦肉型猪两品种杂交肥育性能

父本	母本	屠宰率(%)	膘厚(cm)	瘦肉率(%)	精肉率(%)
大白	长白	73.88	2.5	63.4	32.13
杜洛克	长白	776	2.73	65.78	35.11
杜洛克	长白	75.05	2.63		35.26

从表 3-7 可见，瘦肉型猪之间的二元杂交，以杜×长杂交的瘦肉率最高，达到 65.78%。

二、三品种固定杂交

三品种固定杂交又称三元杂交，是从二元杂交所得的杂种一代母猪中，选留优良的个体，再与另一品种的公猪进行杂交。第 1 次杂交所用公猪品种称第 1 父本，第 2 次杂交所用公猪称第 2 父本。其杂交模式如下(右)。

两品种杂交	三品种杂交
A♂ × B♀	A♂ ×B♀
↓	↓
AB 商品猪	C♂ ×AB♀
$\left(\frac{1}{2}\text{A},\frac{1}{2}\text{B}\right)$	↓
	CAB$\left(\frac{1}{2}\text{C},\frac{1}{4}\text{A},\frac{1}{4}\text{B}\right)$

优点：能获得 100％的后代杂种优势（因为 CAB 是完全杂种）和 100％的母系杂种优势（因为 AB 是完全杂种），既能使杂种母猪在繁殖性能方面的优势得到充分发挥，又能充分利用第一和第二父本在肥育性能和胴体品质方面的优势。因此，三元杂交一般比二元杂交的效果好（图 3-2）。

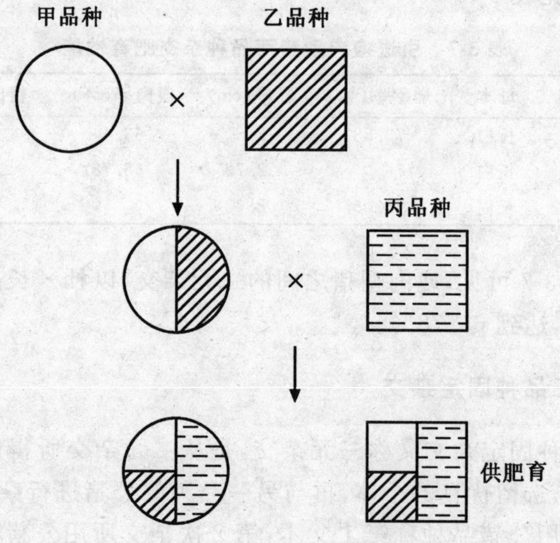

图 3-2　三品种杂交示意图

缺点：杂交繁育体系较为复杂，不仅要保持三个亲本品质的纯繁，还要保留大量的一代杂种母本群，需要进行两次配合力测定。

表 3-8　三品种杂交肥育成绩比较

组合	体重与增重						每增重 1 kg 消耗混合料		
	始重(kg)	至 60 kg 左右	平均日增重(g)	至 90 kg 左右	平均日增重(g)	全程日增重(g)	10～30 kg	30～45 kg	10～45 kg
杜×(长×北)	27.38	61.72	529	89.95	775	623	3.22	3.43	3.45
大×(长×北)	25.32	61.96	585	89.83	625	600	3.03	3.98	3.44
长×北	24.69	59.96	565	90.10	540	553	3.49	4.53	3.97

注：杜×(长×北)＝杜洛克×(长白×北京黑猪)，大＝大约克夏。

从表 3-8 可见，三元杂交比二元杂交增重快，耗料省。

表 3-9　三元杂交胴体性状比较

组合	屠宰前重(kg)	胴体重(kg)	屠宰率(%)	平均背膘厚(cm)	眼肌面积(cm^2)	腿臀比例(%)	胴体瘦肉率(%)
杜(长×北)	89.78	65.93	73.44	2.46	32.85	29.95	58.58
大(长×北)	90.57	67.45	74.47	2.81	28.43	28.59	53.92

广东省东莞食品进出口公司塘厦猪场进行瘦肉型三元杂交猪的肥育性能和胴体品质测定，结果见表 3-10、表 3-11。

表 3-10　三元杂交猪的肥育性能

组合	头数	35 日龄重(kg)	60 日龄重(kg)	出栏重(kg)	60 日龄至出栏	
					日增重(g)	料肉比
杜大长	40	7.01	18.58	99.87	701	2.97
大杜长	40	7.02	18.18	90.32	622	3.08

表 3-11 三元杂交猪的胴体品质

组合	头数	屠前重（kg）	屠宰率（%）	平均膘厚（cm）	眼肌面积（cm^2）	后腿比例（%）	精肉率（%）	瘦肉率（%）
杜大长	4	88.83	75.80	2.83	36.30	32.70	31.36	58.78
大杜长	4	86.24	75.65	2.69	38.72	31.84	31.96	59.27

生长实践证明，杜大长和大杜长三元杂交组合比较，杜大长具有生长快、饲料报酬高等优点。

据广东省农业科学院畜牧研究所对杜长大和杜大长两杂交组合繁殖性能比较，两个组合繁殖性能无差异（$P<0.05$）。据 138 窝杜长大母猪统计，产活仔数 9.83 头，28 日龄 9.08 头；167 窝杜大长母猪统计，产活仔数 10.12 头，28 日龄 9.06 头。

山东省农业科学院筛选的三元最佳组合是杜洛克×长崂猪三元组合，平均 175.67 日龄体重 90.40 kg±6.68 kg，日增重 662 g±64 g，每千克增重需精料 2.90 kg±0.10 kg，四块肉占胴体 44.15% ±1.09%，瘦肉率 58.51%±1.75%。

此外，大约克×长崂猪三元组合，177.71 日龄体重 91.26 kg±6.58 kg，日增重 679 g±75 g，每千克增重需精料 3.01 kg，四块肉占胴体 41.80%±2.95%，瘦肉率 56.19%±3.59%，也是一个较好的组合。

实践证明，完全采用引进国外瘦肉型猪种为亲本进行二元、三元杂交，生产杂交商品瘦肉猪的繁育体系是很难达到优质瘦肉猪标准的。只有充分利用地方猪种资源，饲养含有一定地方猪种血统的二元或三元杂种母猪，才能在繁殖性能和肉质上达到上述目标。1 头体重 90 kg 的“二外一土”的三元杂交商品瘦肉猪，其胴体瘦肉率多在 56%左右，可产瘦肉 36 kg 左右，虽然比“外三元”的 40 kg 少 4 kg，但猪肉品质上却优于“外三元”猪。

为提高猪肉品质，国外一些大的育种公司，已开始培育含有中国地方猪种血统的新型瘦肉型猪种，有的育种公司（如 PIC 公司）

目前推出的一些新品系猪具有较高的繁殖力和较好的肉质，实际上已含有一定比例的中国地方猪种血统。山东省在“九五”期间培育出的胜利白猪Ⅱ系、烟台猪合成系、里岔黑猪瘦肉系、莱芜猪合成系、沂蒙黑猪合成系5个瘦肉猪合成母系，均以山东省内地方猪种为基础母本，适当导入外来猪种血液培育而成。以山东瘦肉猪合成母系的母本，与引进国外瘦肉型猪种大约克、长白、杜洛克、汉普夏为父本，生产杂交商品瘦肉猪，不仅日增重高(685～862 g)，耗料少[料重比(2.60～3.02)：1]，瘦肉率高(61.10%～63.63%)，且肉质正常。

第四节　建立纯繁与杂交的繁育体系

总结几十年来杂交改良的经验与教训，认为必须建立纯繁与杂交繁育体系。无计划地盲目地进行杂交，常常造成“杂种一大片，纯种很少见”的局面，不但血缘关系混乱，而且会招致品种退化、生产力降低，甚至会使地方优良品种消失。

一、杂交繁育体系的概念及作用

杂种优势的作用，不仅是一项技术性很强的工作，而且还需要进行周密的组织工作，要建立一套健全的杂交繁育体系。所谓繁育体系，是指为了提高整个地区育种和杂种优势利用效果，经过规划建立起来的一整套合理的组织机构，包括设置各种性质的猪场，确定它们的规模、经营方向和任务，使之密切结合，从而达到工作效率高、遗传进展快和经济效益大之目的，建立健全杂交繁育体系，至少有下面3方面的重要作用：

1.可以最大限度地保持杂种优势　试验研究证明，二三品种(品系)轮回杂交，随着杂交常数的积累，杂种优势率逐代渐退，到第6代以后，二元轮回杂交的优势率保留67%，三元轮回杂交优势率保留86%，若采用二三元固定杂交，优势率却可能始终保持100%。

2.便于宏观控制　好的杂交组合是通过系统的配合力测定筛选出来的，因而能够获得较高的杂种优势，若不进行组合筛选而盲目进行杂交生产，会使整个生产秩序紊乱。酿成杂交乱配，失去宏观上的控制。杂交繁育体系的建立，实质上是总体选配制度的固定组织形式。

3.可以保持高的生产水平，使种猪(♂♀)得到最大限度的利用，使养猪生产获得更高的经济效益。

鉴于上述原因，建立繁育体系，就成了现代化养猪生产中的重要组成部分。

二、杂交繁育体系的内容及结构

一个完整的商品猪繁育体系，应包括下述内容：

(一)原种猪场(群)

指用于商品猪生产，经过高度选育的种猪群，包括基础母猪的原种群和杂交父本选育群。

原种猪场的任务主要是强化原种猪品质，不断提高原种猪生产性能，为下一级种猪群提供高质量的更新猪。

原种猪场要求有较强的技术力量，选育工作采用先进技术方法，故设置要齐全、手段要先进而科学；选育目标明确，不同选育阶段有可供检查的经济技术指标；猪群必须健康无病，每头猪的各项生产指标均应有详细记录，技术档案要齐全；定期进行疫病检疫和监测，定期进行环境卫生消毒等。

原种猪场一般附设有种猪性能测定站和种公猪站。

性能测定站的任务主要是供原种猪群选种用，饲养条件要相对稳定，测定规模应依原种猪头数而定，种猪性能测定站可以和种猪生产相结合。如果性能测定站是多个原种场共用的，则这种公共测定站不能与原种场建在一起，以防疫病传播。

原种猪场为适应育种要求，往往多留种公猪，其数量之多要高于一般生产场的几倍到十几倍，而且这些种公猪都是经过性能测定品种良好的公猪。为了充分利用这些优良种公猪，可以通过建立种公猪站，以人工授精的形式提高利用效率，以减少种猪场和商品猪生产场种公猪的饲养数量。

(二)种猪场

主要任务是扩大繁殖种母猪，同时研究适宜的饲养管理方法和良好的繁殖技术，保证母猪多产活仔和壮仔。

(三)杂种母猪繁育场

在三元及多元杂交体系中，以基础母猪与第一父本猪杂交生产杂种母猪，是杂种母猪繁育场的根本任务。杂种母猪同样应进行严格选育，选择重点应放在繁育性能上，应注意猪群的年龄结构，合理组成猪群，注意猪群的更新，以提高猪群的生产力。

(四)商品猪场

商品猪场的任务是进行肥猪生产，工作的重点放在提高猪群的生长速度和改进肥育技术上。繁殖群占全群的比例越小越好，提高繁殖水平，缩短繁殖周期，提高饲养管理水平，降低肥育成本，达到提高生产量之目的。

在一个完整的繁育体系中，上述各个猪场应比例协调，层次分明，结构合理，各场分工明确，重点任务突出，将猪的育种、制种和商品生产于一体，真正从整体上提高养猪的生产效益。

如果以年产 10 万头商品猪繁育体系为例，原种猪场规模约为 50 头，种猪场规模应为 800 头，繁殖场应为 6 000 头，年生产商品猪 10 万头左右，整个繁育体系的结构呈“金字塔”状(图 3-3)。

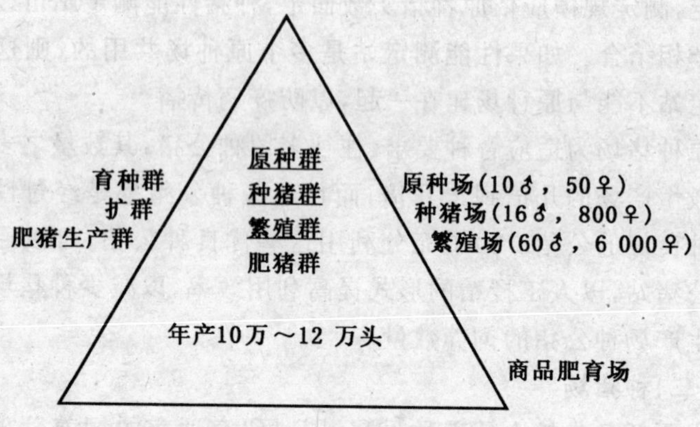

图 3-3 “金字塔”式繁育体系

三、如何建立杂交繁育体系

根据杂交方式建立相应的繁育体系。

繁育体系的建立方法，随着杂交方式的不同而变，并没有一个固定不变的模式，现以所采用杂交方式与相应地建立杂交繁育体系结合起来加以介绍。

(1)通过两品种简单杂交，使杂种优势得以保持和扩大的方案(图 3-4)。

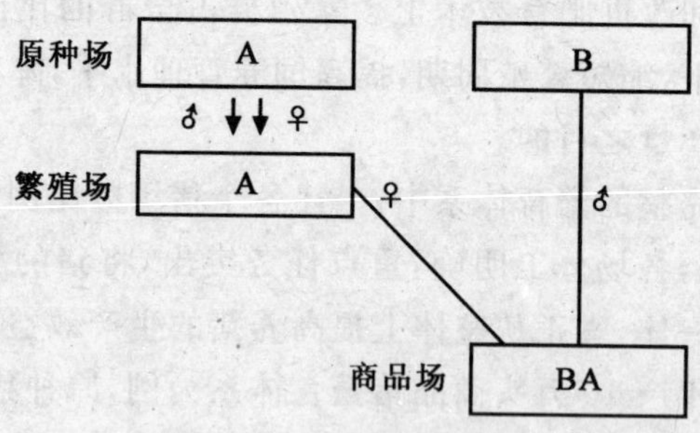

图 3-4 二元杂交繁育体系

(2)通过回交使杂种优势得以保持和扩大的方案。回交又分两种情况,通过一个亲本回交的情况如图 3-5 所示,通过两个亲本回交如图 3-6 所示。

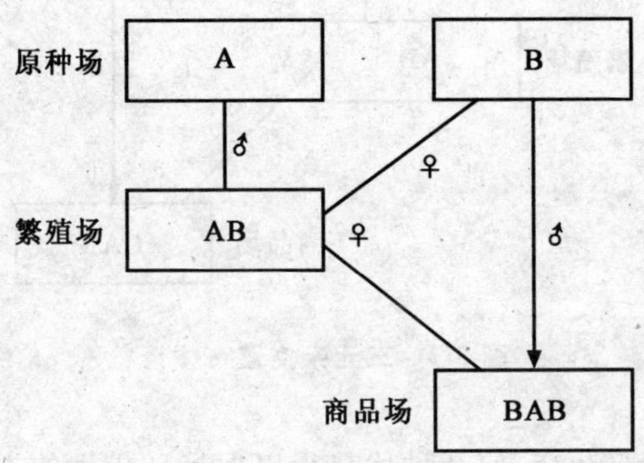

图 3-5　单亲回交繁育体系

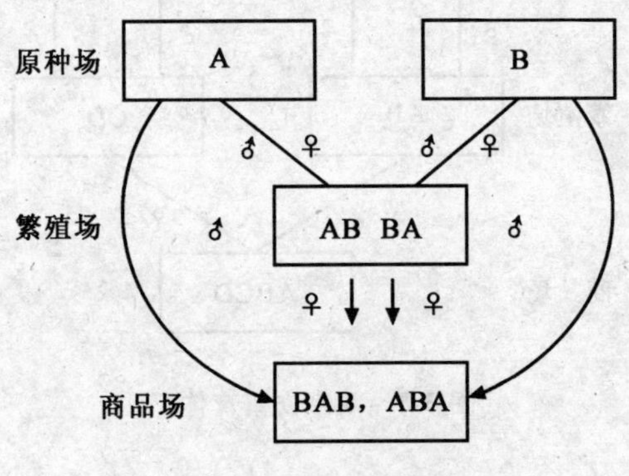

图 3-6　双亲回交繁育体系

(3)通过三元杂交,使杂种优势得以保持和扩大的方案(图 3-7)。

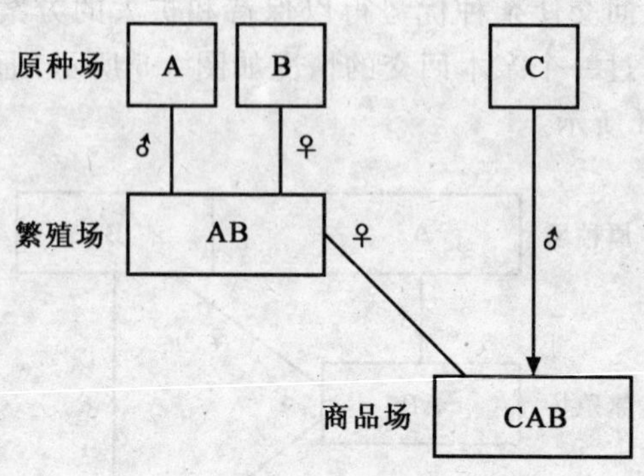

图 3-7　三元杂交繁育体系

(4)通过双杂交,使杂种优势得以保持和扩大的方案(图3-8)。

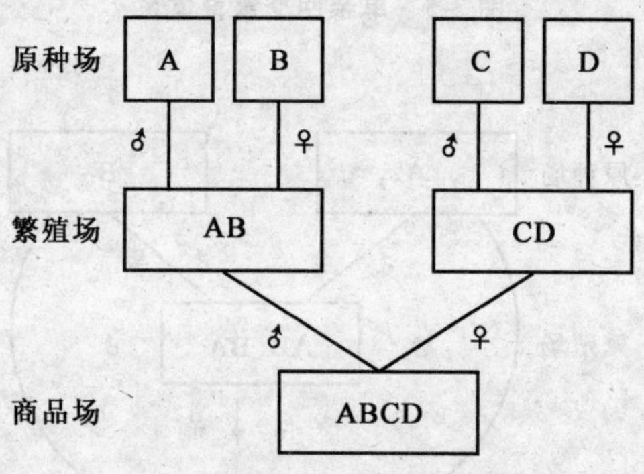

图 3-8　双杂交繁育体系

如前所述,繁育体系的合理结构应该是"金字塔式"的,但具体到一个特定的繁育体系,在"宝塔式"的框架下,原种场、繁殖场和商品场究竟应该各占多大的比例?或者说各场的规模多大为好?这也不能一概而论。一般繁育体系的建立首先需要确定体系所覆盖的区域,是一个省、一个市还是一个区;其次,确定在该区域内每年需要或计划要出栏的肥猪数量;第三,根据繁殖场每头母猪年提供商品仔猪的数量,用肥猪数量除该数,即可得到繁殖场需要的饲养母猪的最低数量;第四,用同样的方法可以反推出原种场基础母猪的数量,但在此处不是简单的除法,不仅应该考虑繁殖场公母猪的年更新率,而且要考虑原种场选择强度的大小,同时还应特别注意所养原种是作为母本还是父本,是本交还是人工授精,若一个原种场仅仅提供父本公猪,又采用人工授精的方式配种,那么这个原种场一般以品种设场,如长白原种猪场,杜洛克原种猪场等,有时也可一场养几个原种,除非在繁育体系很大的情况下,才考虑一个原种多场养;第五,繁殖场可以以乡或村设场,每场规模以市场所需商品仔猪数量确定,在大工厂集约化养猪的情况下,繁殖场一般与商品猪肥育场合二为一,以便于猪群周转和自动化生产。

第四章　猪场的建筑设计

养猪场的建筑设计水平，关系着养猪的经济效益、社会效益和生态效益，必须认真加以对待。

第一节　猪 场 规 划

一、建场前的准备工作

兴建养猪场，投资较大，为避免盲目性，使猪场迅速收回投资，并逐渐增加收入，必须进行调查研究，摸清：①建场目的；②资源（人才、技术后盾、品种、饲料等）和市场预测；③场地的挑选；④采用什么饲养工艺；⑤水、电、道路状况；⑥多大规模比较合适；⑦建场周期多长，需花多少资金，如何筹措资金；⑧预测建场后的效益（经济效益、社会效益、生产效益）。

在可行性研究认可的基础上，应为设计提供：①建场计划任务书；②征用土地申请和批文，绘制 1∶500 的地图；③地质勘察报告及气象、水、电等资料；④饲料种类及价格。

在以上工作基础上，就可以进行工艺设计和建设设计了。

二、场址选择

场地选择必须遵从以下原则：

▲ 服从当地城乡建设规划。

▲ 节约用地，少占耕地，特别要少占高产粮（棉）田。

▲ 地势高燥，排水方便，通讯良好。

▲ 水源充足，水质良好。

▲ 土质坚实，工程地质条件较好。

▲ 交通方便，又远离交通要道，远离旅游区。

在上述几个原则指导下，确定建场场址和用地面积，由于我国是世界上人均耕地最少的国家之一，应提倡密集饲养。

三、确定建设项目

在确定生产性质（种猪场、商品肉猪场、综合猪场）、生产规模、生产工艺和设备选型的基础上，可以计算出建筑面积及相应的配套设备和价格。

现代规模养猪场其建设项目有：

1. 生产建筑　配种舍、妊娠舍、分娩哺乳舍、断奶仔猪舍（保育舍）、生长猪舍、育肥猪舍、病猪隔离舍、观察猪舍、病死猪无害化处理设备以及称猪衡器、装猪台等。

2. 管理和生活建筑　办公室、食堂、宿舍、大门、门卫及厕所等。

四、总平面布置及场区竖向布置

(一)猪场分区

按猪场建筑物的性质，划分不同的区域。

1. 生产区　该区应安排在生活区下风向，各种猪舍严格按照饲养工艺流程进行安排：配种舍（种公猪和空怀母猪）→妊娠舍→分娩舍→仔猪保育舍→生长舍→育肥舍，按当地风向布置，种猪舍位于上风向，育肥猪舍设在下风向。育肥猪舍是养猪生产的最后环节，应该在猪场的一端，有装猪台和独立的大门。

2. 生产辅助区　安排饲料库、变电所、锅炉房、水泵房、高位水箱或水塔、淋浴消毒间、化验室等。

人员进入生产区必须经过清洁消毒，淋浴消毒间设在生产区大门旁，饲料加工车间、锅炉房要靠近生产区。

3. 生活区　设在猪场的上风向，一般距生产区 300 m 为宜，包括办公室、集体宿舍、食堂、车库、门卫等。

(二)猪舍的朝向与间距

1. 朝向　我国各地猪舍常常是坐北朝南，但考虑到气温、主导风向、所处地域等原因，允许有一定偏角。

表 4-1　我国部分地区建筑物最佳朝向

地　区	最佳朝向	适宜朝向	不宜朝向
北京地区	南偏东 30°以内 南偏西 30°以内	南偏东 45°以内 南偏西 45°以内	北偏西 30°～60°
郑州地区	南偏东 15°	南偏东 25°	西、北
上海地区	南至南偏东 15°	南偏东 30° 南偏西 15°	北、西北

2. 间距　猪舍间距 S 大小，出自不同要求，以猪舍由地面至屋檐高度 H 计，按照要求 $S=1.5\sim2H$，按防火要求 $S=2\sim3H$，按防疫要求 $S=3\sim5H$，密闭式猪舍可取上值，开放式猪舍宜取下值，有窗式猪舍可取中间值。

五、猪舍建筑设计

猪舍建筑设计，要求冬暖夏凉，通风透光良好，干燥卫生，全年均衡利用，能够四季长猪，操作管理方便，从而有利于实行科学养猪，降低生产投资，增加养猪经济效益。

猪舍建筑应具备的基本条件：

猪舍是猪群由小到大，终生进行生活和生产活动的场所，猪的潜在生产性能，能否得到充分发挥，在猪舍建筑上应考虑如下一些基本条件：

1. 符合猪的生物学特性要求　猪和牛、羊比较，被毛稀薄，对于冷、热、干、湿、风、雨等条件变化的耐受性不如牛、羊，特别是由于猪的汗腺不发达，皮下容易沉积脂肪，因而更加不能耐热，一般猪舍最好能保持10～25℃，保持相对湿度为45%～75%为宜。

为了保持猪群健康，促进生长发育，提高猪群生产性能，空气清新，光照充足，这是一般猪舍应具备的共同条件；除此，种猪需要充足的光照，以激发其旺盛的繁殖机能，种公猪体大力壮，性格粗暴而好咬善斗，猪舍猪栏建造得更加坚固结实；妊娠母猪舍的建筑，要注意保持清洁，干燥和温暖舒适；催肥猪舍要相对安静和比较昏暗，以利于降低基础代谢而加速脂肪沉积；后备猪和育肥幼猪舍，要求具有充足的运动和促进生长发育的条件，使各种类型的猪群有一个安静、舒适的家。

2. 适应当地的自然气候和地理条件　我国幅员辽阔，各地自然条件不一，因而对猪舍的建筑要求也各有差异，南部地区，雨量丰富，气候炎热，主要是注意防潮、防热；北部地区，高燥寒冷，应考虑保暖通风；沿海地区多风，要加强猪舍的坚固性和防风设备；高山风大雪多地区，特别要注意猪舍屋顶的坚固厚实。

3. 便于实行科学饲养管理　科学饲养管理的中心要求是：在建筑猪舍时，充分考虑到有利于操作方便，降低劳动强度，提高管理定额，充分提供劳动安全和劳动保护条件。

第二节　自然养猪法的建筑特点

在满足猪体生长发育的基本条件的前提下，猪舍建设突出一个“简”字，越省钱越好，这是因为家猪是从野猪进化而来，从野猪林中过渡到屋舍中限制生活，有许多不是猪本身所需要的，是人为的强加给它们的，因此，必须坚决摒弃那些不切合实际的昂贵的建筑模式，以便尽快收回建筑投资，获得盈利。

自然养猪法的饲养特点：

(1)要注重舍内的通风与换气。因为没有充足的氧气，就会降低猪群的抵抗力，甚至患病死亡，同时，换气也是排出二氧化碳、氨气和硫化氢等有害气体所必需，必要时可安装电动风扇。

(2)猪舍的走向，尽量与夏季最多的风向平行，以使风能从猪舍中纵向通过。

(3)防暑要强化措施。自然养猪法在冬季容易保温，只要注意通风换气就行了。防暑措施举例如下：

①为了避免阳光直射，引起的高温过高，顶部需要不透光和反光的遮阳布覆盖。为了防止早晚斜光照射引起的舍内温度过高，在猪舍的东西两面，特别是西面，要用帘布或黑篷布遮阳，也可以种植落叶阔叶林，例如，梧桐等树种，刺槐能防风，也可选用，但不要影响除雪，如土质较好，可种植藤蔓型瓜菜。

②猪舍周围，除立柱外，其他物品全部拆除，以利于猪群散热。

③增加数条冷水管从猪舍中迂回通过，并适当增加饮水器数量。

④在特别炎热区域，可在猪舍旁侧建筑猪浴池，浴池地基要加高，以使洗过的脏水流入农田。

第三节 要保持地面干燥并稍带湿润

农谚说得好："养猪无巧，圈干食饱。"自然养猪法要素之一是：地面干燥又稍带湿润。

(1)在猪舍周围要挖排水沟,与外出的排水沟接通。

(2)猪舍建筑地面要垫高 30 cm 以上,有利于舍内干燥。

(3)饮水器设置于墙外,使口中溢出之水流入排水沟。

(4)随时监测地面干湿状况,如湿度过大,要及时添加新鲜垫料。

第四节　猪舍的种类和建筑材料

一、猪舍的屋顶形状与构造(图 4-1 至图 4-6)

(一)拱形

拱形猪舍实际上就是棚式猪舍,一般是废旧的园艺大棚改造成养猪大棚。优点是废物利用,节省投资;缺点是坚固性较差,怕强风。所以在交叉部位、斜支柱和横梁要特别加固(图 4-1)。

(二)单坡式

单坡式建筑材料单纯,但宽度过大,较难平衡(图 4-1)。

(三)双坡式

双坡式也叫人字形,是常用的一种型式,一般用木材建造,也可以用钢材,如跨度较大,横梁就必须很长(图 4-1)。

(四)半钟楼式

半钟楼式,屋顶中央相互交错,一方有开口,为换气口,檐高左右不平均,换气能力比双坡式强,投资也比双坡式多(图 4-1)。

(五)钟楼式

钟楼式在屋顶设换气窗,换气能力较强,造价比双坡式高 20%(图 4-1)。

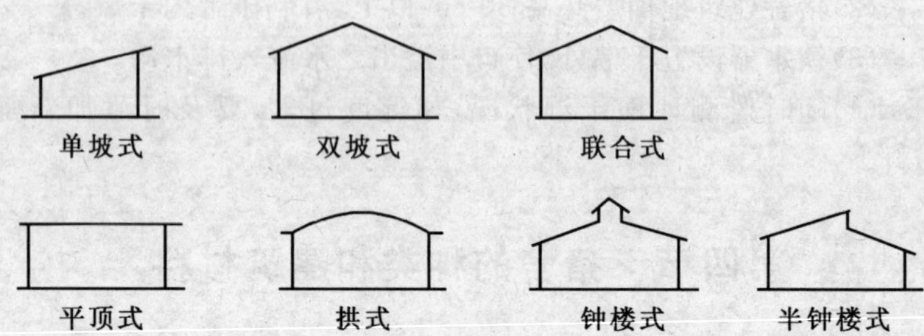

图 4-1 屋顶的型式

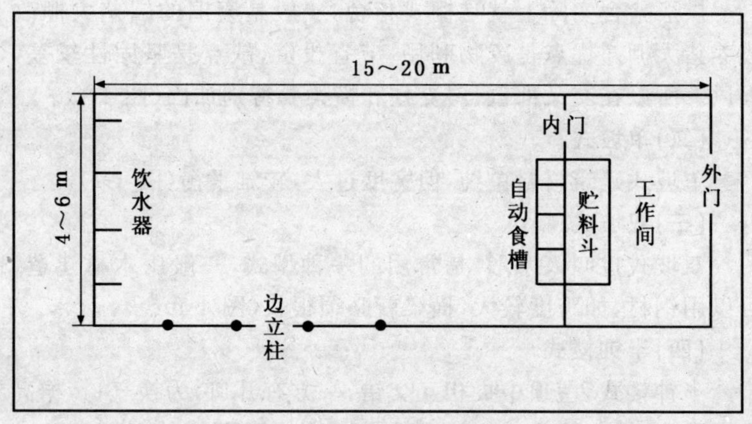

图 4-2 养猪大棚平面图

（单面食箱）

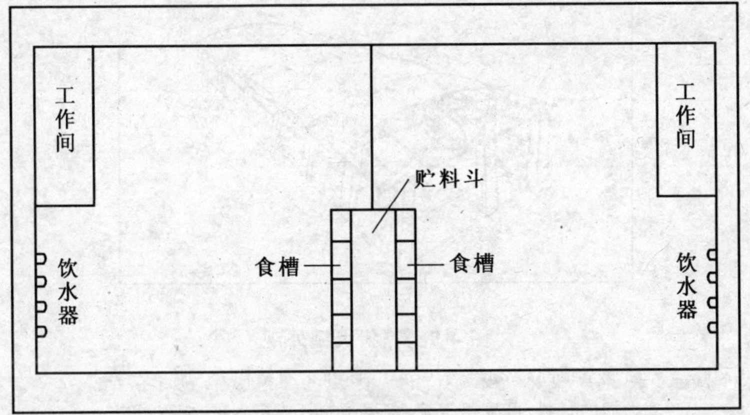

图 4-3　养猪大棚平面图
（双面食箱）

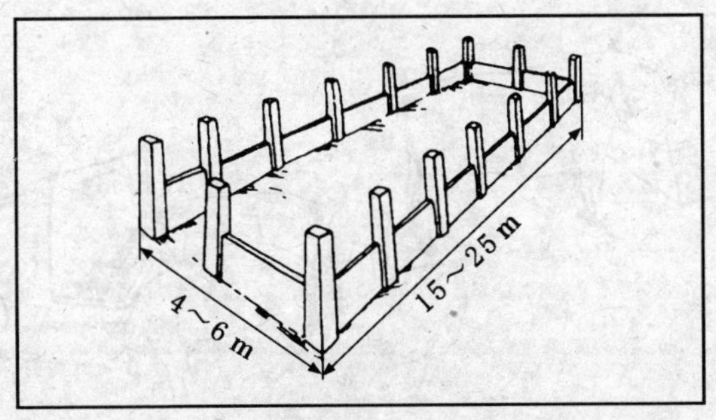

图 4-4　养猪大棚立体构造

砌砖墙，大棚跨度 4～6 m，长度为 15～25 m，四周围栏高 1～1.2 m；空心砖共砌 5 层，中间一层，每隔一块倒砌一块，空心向外

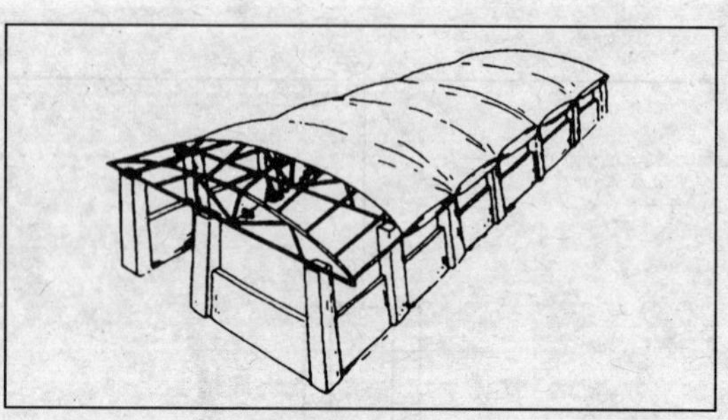

图 4-5 养猪大棚外观

栏底至顶棚高 2.7～3.0 m，大棚和猪圈结构为一体；支撑大棚的材料，可采用钢管、水泥预制杆或粗木桩，棚顶可以选用拱形或人字形；棚顶顺排 8# 铁丝 20 根，棚顶 10 根，每根间隔 0.2 m，两侧各 5 根，每根间隙 0.3 m

图 4-6 养猪大棚内食槽、饮水器设置

猪通过在大棚两端吃食、饮水，达到强制运动的目的

二、建筑材料的选择

建筑材料要因地制宜，坚固耐用，价格便宜又容易购到，尽可能选购废旧材料。

（一）主要材料

自然养猪法着重简易，选用低价材料更为重要。钢材可选用H钢、L钢和C钢等，但以管材为主。木材作为支柱，使用方木，旧电线杆，旧枕木板材的大木条等。

（二）侧壁材料

以简易省钱为主，南方温暖地区只设支柱不要侧壁，北方寒冷地区只是冬季用塑料布挡住一部分，最好用电动卷帘。

（三）屋顶材料

拱形猪舍，北方地区冬季完全用聚乙烯无滴塑料薄膜覆盖。严寒地区要用双层塑料膜中间加草苫子，夏天用各种不透光的苫布覆盖。南方地区，一年四季完全用不透光的苫布覆盖，最好是用带铝箔的纤维塑料苫布。其他屋顶型，都可因地制宜选用经济实用的各种覆盖物。

三、猪舍面积

猪舍面积依猪舍不同配列而定，例如，一栋一猪舍，一栋几个猪舍连接，一栋大型猪舍等。另外，场地的限制因素也应考虑。

（一）总面积

大型猪舍，一般受外部气候影响不大，但随着头数不断增加，可考虑安装换气扇。大型猪舍实际上比小型猪舍投资少。

小型猪舍建筑比较简单，但容易受外界环境影响，特别是高温和严寒期越明显。

（二）猪舍外的必要面积

为便于观察猪群健康状况、地面干湿程度以及日常其他管理等，猪舍周围必须有空地，除便于各种操作外，还能防止雨、雪水从屋檐流到房内。猪舍内与墙壁之间，也应有一定空间，以放置工具，便于推车来回走动。

第五节 猪舍的形状和材料

一、自然养猪法及其猪舍建筑有关因素

提前 80～90 天在饲料中必须添加发酵生成物，其中有细菌、真菌等，吃这种饲料的猪所排出的粪尿，用锯末吸收并堆集于安全场所，每 7～10 天翻倒一次，然后再盖严，至少 5～6 次，使粪肥发酵达到"完熟程度"，可以称为"完熟粪"，把这种完熟粪均匀地铺在舍内地面上 30 cm，上面也可以再覆盖 10 cm 锯末，在这上面饲养群猪（生长猪、育肥猪及部分母猪等），发酵结束的堆肥吸收新的粪尿开始再发酵，由于产热，水分加速蒸发，是在饲养期间不用清粪的省工省力养猪法——自然养猪法。

二、猪舍形状

猪舍面积大小不一，最小的 30 m^2，大者 100 m^2，甚至更大，但宽长之比为 1∶3 为宜。

（一）猪舍地面

猪舍地面的构造最理想的是土质的，只要夯实铲平就行，因为这不仅简易省钱，其最大的优点是有利于发酵，有些地方是沙土地，也可以搞成混土地面。千万不要搞水泥地面，水泥地面最不利于猪的生长发育，造价又大幅度增加。但是，对于废旧的猪舍改为自然养猪法时，原有水泥地面也可以铺上完熟粪和锯末进行养猪。

(二)猪栏构造

猪栏的作用就是围住猪舍周围,防止猪跑到外面去,其支撑物就是立柱。猪栏一律是花墙,篱笆式,下面 60 cm 高挡板,以防粪尿溢出。

(1)棚柱(支柱)用钢材和木材,尽可能用废旧材料,根据我国各地习惯,用砖砌成砖垛,不仅坚固,价格也不算太贵,栏柱间隔 2.5～3.0 m,柱高 1.4～1.8 m。

(2)围栏的材料可以用水泥预制件、木条绑成的木排等制成。尽可能选用废旧材料。

(3)堆肥泄漏防止板,作为自然养猪法最重要技术,是在猪舍内地面上铺上 30 cm 厚的完熟粪,为了防止堆肥溢到猪舍外,设置 60 cm 高的堆肥泄漏防止板。防止板的材料,可因地制宜选用废旧的木板、铁板及水泥预制板等。

三、支柱(棚柱)的固定

不管是木桩、钢管、水泥管或砖垛都应直接插入地面以下 70～80 cm,下部用混凝土固定,上部和建筑骨架相连接,使整个猪舍联为一体。

四、提高工作的便利和效率

在猪舍两端各设 2 m 宽活动的门,以便于堆肥的搬出。如果把自动食箱和饮水器都变成可移动的,清除堆肥时更方便。

自然养猪法,用锯末吸收并转化猪的粪尿,同时依靠猪的运动使其搅拌地面进行发酵。由于发酵升温和气温的蒸发,达到平衡状态即恰到好处时,地面应感到发湿,但这种状态受发酵程度、气温、湿度、换气状况和饲养密度等因素的影响。一般夏天容易形成干燥状态(尘土飞扬),冬天易造成泥泞状态。

为了防止两种极端现象(过干或过湿)的发生,一是控制饲养头数,每平方米一头猪左右;二是要准备足够的新鲜锯末,及时添加,以防泥泞。

第六节 自然养猪法的实际设计

一、注意事项

(一)力求简单省钱

自然养猪法的特点是:猪舍造价低廉、省工省力、清洁高效,是养猪业的重大革新。

我国大多数养猪场的设计不切实际,而追求高档化,甚至别墅化的现象,大量的债务压得喘不过气来,长时间收不回建筑投资。造成这种现象的原因是不明确为什么要养猪,也就是养猪的目的不明确。

养猪业的目的很多,对于养猪企业来讲主要的目的是盈利,但是,相当一部分猪场是为了应付领导检查,为了露一手。所以,必须从实际出发,尽可能压低建设费用。

通过 15 年多试验证明,实行自然养猪法也能生产质量好的肉猪。

(二)对付恶劣气候的措施

在建设猪舍时,要考虑夏天防高温高湿,冬季防严寒,沿海地区要预防暴风雨。舍外设立排水清除雪空地,根据气温变化,更换不同作用的覆盖物。

(三)提高工作效率

养猪也要减员增效,每人至少看管育肥猪 500～1 000 头,母猪 100～200 头,这就需要 4 个必须条件:自动饮水器、自动食箱、踏踩式发酵地面以及颗粒料、干粉料等。

(四)提高肉猪的生产力和肉品品质

这种养猪方法能使猪在24小时内自由采食到全价配合饲料，因此，日增重较高，出栏较早，但容易造成脂肪较多的状况。因此，要争取提高胴体瘦肉比例，在体重达到45 kg以后，在饲料中应适当添加营养成分较低的秸秆粉。

二、猪舍设计举例

(一)单间塑料大棚猪舍

猪舍面积是4 m×12 m=48 m^2 或5 m×15 m=75 m^2，前者可饲养育肥猪50头，后者80头。

在建筑物的主要支架上，全部用斜支柱加强，屋顶设换气窗，顶部在冬季用聚乙烯无滴塑料膜覆盖，夏天用不透光的新膜或黑色苫布覆盖。

(二)单间双坡式木制猪舍

主要材料全用木材，支柱用直径10 cm的圆木，其他部分可用方材或木条制作。猪舍面积同塑料大棚猪舍，侧壁安装可升降的塑料卷帘，其他构造同塑料大棚猪舍。

(三)一栋多个联体塑料大棚猪舍

把支柱作为通道的一部分，靠近通道的猪栏一直延长到顶部，有加固猪舍的作用。

(四)一栋多间简易木制房子

把双坡木制猪舍联成数个。

三、畜舍外的建筑设施

完熟粪(完熟堆肥)是自然养猪法的必备物品，因此，必须为完熟堆肥准备专用塑料大棚，宽7 m左右，以便于翻动等机械操作。

第七节 踏踩式发酵地面的准备

一、采用发酵生成物养猪的基本条件

▲ 这项技术只限于肉猪(生长、肥育)和部分母猪(后备、空怀及妊娠母猪)。

▲ 全部实施一贯肥育法。

▲ 这种养猪方法平时不清粪·省工省力,但绝对不能疏忽平时的管理。

二、制作完熟粪

在踏踩式地面上所用堆肥,必须是完熟的。制作完熟粪,是提前 80 天左右在猪(牛)的饲料中掺入一定比例的发酵预混剂,使排出的粪全部用锯末吸收,调节水分含量,运抵堆肥舍堆积发酵,温暖季节每 7 天翻倒 1 次,寒冷季节每 10 天翻倒 1 次,经过 8～10 次的翻倒,达到不能再进行高温发酵的程度,称为完熟。

▲ 在猪舍的地面上铺上 10～15 cm 厚的锯末,作为敷料。由于完熟粪较多,可以用于更多的猪舍。

▲ 锯末与粪尿混合,应移到堆肥舍,堆积成 2 m 高度,把水分调整成 60%～65%,促进发酵。

▲ 为了使发酵更顺利,可选用机械搅拌,以便流入更多的空气,搅拌的第 2 天起逐渐发酵,温度可达 80℃。发酵依环境温度变化而变化,温度高发酵快,反之,发酵慢,所以,温暖时,每 4～7 天搅拌一次,寒冷时 7～10 天搅拌一次。操作时,要依气温变化灵活掌握。

综上,温暖季节每 7 天翻 1 次,共 10 次,约 80 天;寒冷期,每 10 天 1 次,则用 110 天,就能得到 1 次完熟了的堆肥。

▲ 完熟粪的利用原理。在制作完熟粪的过程中，由于多次翻动，发酵产生高温，使其中的病原微生物、寄生虫卵和害虫均被杀灭。

猪在吞食含有发酵生成物饲料后排出的粪与垫料(完熟粪+锯末)混合，由于微生物作用，迅速发酵升温，这种温度可杀死有害微生物，冬季可维持一定舍温，夏季可蒸发水分。

发酵生成物的作用是分解消化道中未被消化吸收的蛋白质，断绝产臭的来源，从而消除粪中的恶臭。粪尿中的能量和锯末的一部分成为微生物的营养源发酵，这些东西变少时，微生物作用停止。如加入新的粪尿营养源，微生物再次开始活动，残余锯末的纤维素开始新的发酵，这就是自然养猪法厌氧发酵的基本状况。

▲ 把普通的粪尿加入发酵生成物，并用锯末调整水分，移到发酵舍，也可以依次制作完熟堆肥。

▲ 自然养猪法的粪尿不产生很厉害的恶臭(包括制造完熟粪肥的过程中)，没有苍蝇聚集发生，净化了环境，有利于工作人员的工作和猪群的健康生长。

三、用完熟粪铺成踏踩式发酵地面

用完熟粪肥均匀地铺到全部地面上，厚度为 35～40 cm，以及通过踏踩压成 30 cm，寒冷地区可适当加厚。

铺完了的第 2 天，应仔细观察地面粪肥的状态，如不再发热，第 2 天铺 10 cm 锯末就可以养猪了。

四、使用方法

猪舍全面准备好以后，就可以引进仔猪进行饲养了。

(一)仔猪的规格

引进的仔猪以日龄 50～90 天、体重 25～30 kg 为宜，目前，有小型化趋势。同时饲养的仔猪日龄和体重差别不要太大。

(二)饲养密度

以每平方米一头猪为标准,要根据猪的大小、季节等因素灵活掌握,冬季平均 0.82 m^2,夏季 0.86 m^2。

如果是 30～50 日龄,体重 10～15 kg 的猪进入舍内饲养,可按每平方米 2 头计算,等体重增加时,再移到其他猪舍中。

(三)公母分群饲养

公母分群饲养比混饲的发育好,整齐度也高,应尽量做到这一点。

(四)每群适当头数

根据几年的试验证明,猪群大了以后,饲养一段时间,很容易形成条件反射,猪群之间和平共处,不打架。

小群 30～50 头,适用于农村户养。

中群 60～80 头,适用于一般养猪场,需有自繁自养的仔猪来源。

大群 80～100 头,甚至更多,适用于自繁自养,技术熟练,防疫水平高的大型养猪场。

五、饲料与饮水

将自动食箱和饮水器分别设在长方形猪舍的两端,半强制性地使猪运动,搅拌地面。

(一)饲料

饲料一律采用全价配合饲料,料型以颗粒料和干粉料为佳,饲料中一律添加发酵生成物。

(二)自动食箱

长 90～100 cm,大群的可延长到 250 cm,宽 35～40 cm,高 80～100 cm。确保 24 小时内,使猪随时可以吃上饲料。

饲料的更换要循序渐进,突然更换饲料,会引起猪的不适,可使消化机能紊乱,体温升高。

(三)饮水

保证猪随时喝上充足的清洁饮水。

自动饮水器应安装在猪栏的外侧,使猪从栏的空洞伸出头饮水,饮水部应安装稍低,饮水器向上倾斜,使猪从上方饮水。饮水器的数量按20～30头猪一个即可。在严寒季节要设法预防水管冻结,一方面要包上保温材料;另一方面夜里也要继续滴水。

六、自然养猪法日常管理

▲每天进行“四看”,一看猪的精神状态和粪便情况,如发现异常,要及时处理;二看自动食槽的饲料是否添好,要保证猪在24小时内随时吃上饲料;三看自动饮水器,如果有损坏,要及时更换;四看地面干湿状况,如干湿不均,应进行调整,并添加新鲜垫料。

▲要注意通风换气,由于猪群呼吸和发酵会产生有害气体,要格外注意通风换气。

▲根据猪的不同类别(公猪、后备公猪、后备母猪、空怀成年母猪、怀孕母猪、生长猪、育肥猪、哺乳母猪、乳猪、断奶仔猪、育成猪等等)和日龄来选择或配制不同的全价配合饲料。

▲要注意防风,在建造和维修大棚时要注意防风,冬季要防暴风雪,夏季要防暴风雨,大棚所有交叉部位要加固,薄膜以外要用绳网罩住,周围要建造防护林。

▲雨季到来之前要检查排水沟,使其通畅,防止积水。

▲肉猪出栏时或锯末堆65 cm厚时,应将堆肥全部清出,污物尽量除掉,在棚内地面上撒上石灰,对侧壁和柱子进行涂布消毒。

▲在大棚集中区建筑连接磅秤的装猪台,以减轻劳动强度,并保护猪群健康。

▲为了增加瘦肉比例,体重45 kg以后,可适当增加饲料中草粉比例。

经过15年多的实践证明,生态高效大棚大群饲养生长育肥猪是安全可靠的，猪群和平共处，不打架，不拱圈，生长发育良好。根据蒙阴县畜牧研究所报告，生态高效大棚养猪法比一般猪圈饲养的育肥猪可提早出栏，节省饲料，从而大幅度地增加经济效益。

七、肉猪出场

当肉猪体重达到 90～100 kg，最多 110 kg 时，应该及时出场上市。

▲ 应建设出猪台，这对减轻职工劳动强度，养活猪只的应激反应是十分重要的。

▲ 猪的出栏，不是一次出完，而是分批进行，少数未达标准体重的，可以多饲养一段时间。

▲ 对选出的出场猪，在出场前 1～2 天，进行淋浴，并涂上颜色，尽可能使猪安静。出场的前一天，把猪集中到紧靠出场台的猪舍。

八、肉猪出场（或母猪转群）后踏踩或发酵地面的处理

在最后一批肉猪出栏（或母猪转群）后，进行地面处理。

▲ 地面上所有堆肥全部运出猪舍，转移到堆肥舍进一步发酵，水分过多，用锯末调整；水分过少（干燥）适当加些水分。处理方法同前。

▲ 同时进行自动食箱的清洁与维修；进行自动饮水器的维修与周围环境的清洁。

▲ 地面和侧壁的污物全部清除后，地面撒上石灰，侧壁和柱子进行涂布消毒。

第五章　猪的营养与饲料

猪与外界环境最主要的联系是与食物（饲料）的联系，要养好猪，必须知道猪需要哪些营养物质，哪些饲料富含这些营养物质，这些饲料具有什么特征，怎样合理利用这些饲料。

第一节　饲料是养猪的物质基础

营养物质是猪赖以生存、生长、发育、繁殖、生产产品的物质基础，众所周知，动物有机体的细胞、组织、器官、体液等，都是由各种营养物质构成的，新陈代谢产生的热能，也以各种营养物质为基础，因此，发展养猪业，饲料是物质基础，抓猪必先抓饲料。

由于发展养猪业，饲料是基础，因而饲料的数量和质量，对养猪好坏影响很大，如果饲料的量少、质差、采食不饱，不够维持生命的营养需要，猪就越养越瘦，以致造成死亡；饲料供应虽有一定的数量和质量，但仅够维持生命需要，猪就只吃不长，白白浪费维持饲养；如果供应猪群饲料的数量和质量，除维持饲养消耗外，尚有少量增膘长肉的营养物质，猪就出现生长发育缓慢现象；如果饲料数量满足供应，且质地优良，猪群就生长发育迅速和健壮肥胖，皮光毛亮；如果饲料供应营养过度，不但造成饲料浪费，引起消化障碍，而且还不能提高猪群的生产性能，等等。也就是说，饲料是发展养猪的最重要的物质基础。

第二节　饲料的营养成分及其营养作用

一、猪饲料的营养成分

在养猪生产实践中，通常采用的饲料，可达数十种，甚至上百种，不管采用饲料种类如何繁多，但是猪从饲料中获得的营养物质概括起来有蛋白质、碳水化合物、脂肪、矿物质、维生素和水 6 类，猪所需要的此 6 类营养物质，除水需要另外补充外，其他 5 类营养物质，均需要从饲料中获得。

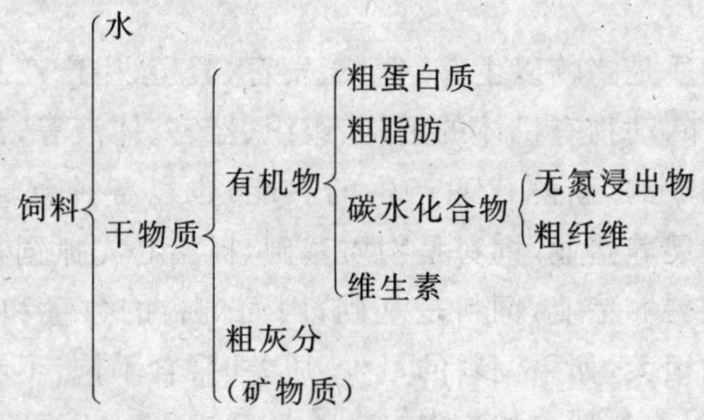

二、饲料营养在猪体内的功用

猪从饲料中获得的各类营养物质，在猪体内各有不同的功用。

（一）粗蛋白质

猪体组织中的肌肉、皮肤、内脏器官、血液、神经、结缔组织、被毛、蹄壳、甚至骨骼，都是以蛋白质为主要原料构成的。在猪的生命过程中，还需要利用蛋白质来不断增长、修补和更新这些组织器官。公猪精液的生成，母猪卵子的产生，怀孕母猪体内胎儿的发育，哺乳母猪乳汁的分泌，仔猪和幼猪的生长发育，以及各种消化液、激素和酶类的生成，也都需要蛋白质营养。可见蛋白质是构成各种体组织、维持正常代谢、生长、繁殖和生产各种产品所必需的营养物质。正如恩格斯所说:“生命是蛋白体的存在方式”没有蛋白质,也就没有生命。

蛋白质水平,通常都是用粗蛋白质含量来表示,它是饲料中含氮化合物的总称,其中除真蛋白之外,还含有一些氨化物;也有根据蛋白质消化的难易,用可消化粗蛋白来表示其含量的。大体上说,繁殖种猪日粮中含有14%～15%的粗蛋白质,育肥猪体重50 kg之前日粮应含14%,50 kg以后含12%,仔猪日粮应含有不低于18%的粗蛋白蛋,便基本上可以满足各类猪群对蛋白质营养的需要了。

蛋白质除上述功用之外,还可像碳水化合物和脂肪一样,将其多余的部分转变为热能,来供应猪群维持生命和满足生产的需要,而碳水化合物和脂肪却不能代替蛋白质的营养功用。

蛋白质品质的好坏,取决于氨基酸构成差异,氨基酸是一种含有氨基的有机酸,蛋白质由各种不同的氨基酸所组成,氨基酸是组成蛋白质的基本单位,故有“建筑蛋白质的基石”之称,目前已知的氨基酸有20多种,由于氨基酸的排列组合不同,而使蛋白质种类繁多,品质各异,但其基本上可分为必需氨基酸和非必需氨基酸两类,前者是指猪体内不能合成或合成量不足,必须由饲料摄取的氨基酸;后者则是在猪体内可以合成而不需要从饲料摄取的氨基酸,打个比方来讲,各种氨基酸好像是构成一只木桶的每一块制桶木板,而生产水平可比拟为木桶内盛有的水,缺乏任何一种必需氨基酸,不管供应猪只蛋白质如何丰富,而生产水平也只能停留在木桶最低一块木板的水平上。

猪所需要的必需氨基酸有10种:即赖氨酸、色氨酸、蛋氨酸、组氨酸、亮氨酸、异亮氨酸、苯丙氨酸、苏氨酸、缬氨酸和精氨酸,其中缺少了任何一种,都会限制蛋白质中其他氨基酸的营养功用,特别是赖氨酸、色氨酸和蛋氨酸猪最容易缺乏。

(二)碳水化合物

猪的活动、维持体温、呼吸、血液循环、消化以及生长、繁殖和生产产品等,都需要热能。汽车发动要加油,汽油燃烧产热才能使汽车跑得起来,汽油是供给汽车热能的来源,而饲料中的碳水化合物,则是供给猪体热能的“汽油”,猪从饲料中得不到足够的碳水化合物时,就要动用体内贮存的脂肪,甚至动用蛋白质来满足热能供应,此时猪就不能表现出其正常的生产性能,相反,碳水化合物营养过剩时,多余的热能就形成脂肪积于猪体内,使猪长得肥胖起来。

碳水化合物包括无氮浸出物和粗纤维两类物质,无氮浸出物中含有淀粉和糖,是猪最易于消化吸收的物质,纤维素对猪来讲,是难于消化的物质。大部分植物性饲料营养成分的主体是碳水化合物,占干物质的70%～75%,其中精饲料所含碳水化合物的主体是淀粉和糖;各种粗饲料所含碳水化合物的主体是粗纤维,青饲料与粗饲料相比较,相对的粗纤维较少,易溶性碳水化合物较多,比较易于消化吸收。

粗纤维体积大、难消化、营养价值低,在饲养上被看成是填充物,但却是不可缺少的,既能满足猪的饱腹感,又能刺激肠胃蠕动,增加消化液的分泌,并有利于粪便的正常排泄,但超过一定限度,又会严重影响饲养效果。一般认为,幼猪和肥猪日粮的粗纤维含量,以不超过6%～8%为宜,也有报道粗纤维占10%,并无不良影响,各类繁殖种猪,其日粮粗纤维可占10%～20%。

(三)脂肪

脂肪是一种不含氮的由碳、氢、氧构成的化合物,其主要功用是与碳水化合物一样供给猪体热能,但脂肪的产热量,较之同样数量的碳水化合物或蛋白质要高2.25倍,当猪只摄取营养有多余,大部分多余的养分形成皮下脂肪和内脏脂肪,贮积于体内;反之,当营养供应不足,体内脂肪便会转化为热能被利用,体脂肪可以被看做是猪的“热能调节器”。此外，脂肪还具有防止热量散失，保护内脏器官，构成体细胞、调节代谢过程、脂溶性维生素溶剂的功能；脂肪内含有的亚麻油酸、次亚麻油酸、花生油酸等不饱和脂肪酸、系猪体内不能合成，而必须由饲料摄取的“必需脂肪酸”，此类脂肪酸还具有防止幼猪生长停滞、尾部坏死、发生皮肤炎症的作用。

试验证明，猪对脂肪的需要量是很小的，小猪日粮只含有0.12%的脂肪就可以够用；只有当日粮中脂肪含量降低到0.06%，猪才会出现脱毛、皮炎、消化器官发育不全，甲状腺肿大等症状。脂肪在禾谷类籽实中含1%～5%，油饼类含5%～7%，秕秆中含1%～4%，因此，在猪的饲养实践中，一般不会出现缺乏脂肪的问题。如果脂肪量供给过多，还会导致下痢和消化不良，造成肥猪脂肪变软和降低肉品质量。

(四)矿物质

矿物质在猪体内含量不多，一般为2%～3%和不超过4%，但其在维持猪体正常生理机能，却具有极其重要的作用，猪所必需的矿物质有钙、磷、钠、氯、铜、铁、钴、碘、锰、镁、硫、锌、钾等13种，近而还发现氟、硒、钡3种元素，也是猪营养上所必需的，如适量的硒，能防治猪的“白肌病”，在普通猪的日粮中，钙、磷、钠、氯、钴、铁、铜、锌等8种元素，是容易缺乏的，其他5种一般不缺乏。

在猪所必需的8种矿物质元素中，首先钙、磷是构成骨骼的主要成分，骨骼也是猪体内钙、磷的储备库，钙、磷占猪体内全部矿物质65%～70%，钙约占体重1.5%，磷约占1%，钙的99%，磷的75%～85%，都存在于骨骼和牙齿中，猪体内如果钙、磷缺乏，早期主要会引起食欲减退和异食癖，以致逐步发展成为幼猪产生佝偻病；怀孕母猪产生死胎及异常胎儿；哺乳母猪乳量降低，乳中缺钙而引起仔猪发生跳跃病症；公猪精子不能正常发育；等等。钙、磷对于维持猪体正常生理机能具有突出的重要作用，解决钙、磷缺乏问题，除了在日粮中按1.5%～2.0%补充给富含钙、磷的矿物质料外，还要注意钙：磷必须具有(1～2)：1的比例，才能被正常吸收利用，由于骨粉中含有30%以上的钙，15%以上的磷，因而骨粉是最好的钙磷矿物质补充料。由于在优质青粗饲料中，钙磷含量丰富及其比例也相当，要达到钙、磷平衡是比较容易的，但是在喂用以禾本科籽实饲料为主的情况下，特别要注意用富含钙质的碳酸钙或贝壳粉等补饲，因为禾本科籽实类饲料往往含磷丰富而含钙量少，如玉米的含磷量高出含钙量1倍以上，小麦则高出约4倍。

钠和氯广泛存在于猪体软组织、体液和乳汁中，对调节体液酸碱平衡，保持细胞与血液间渗透压的平衡，改进口味，帮助消化，提高饲料利用率，起着重要的作用，我们知道食盐含有氯和钠两种元素，价格又便宜，经常喂给食盐，便可以满足猪对氯和钠的需要，但为防止氯化钠中毒，喂量不要超过日粮的0.5%～1.0%。

如上所述，猪对矿物质的需要是多方面的，钙、磷、氯、钠，猪只需要量大易缺乏，称为常量元素，其他铜、铁、钴、碘、锰、镁、硫、锌、钾等元素，由于猪需要量微小，称为微量元素，但其对动物健康却有着重要的影响。

铁、钴、铜是防止猪发生营养性贫血不可缺的微量元素。铁是血红素的原料，铜和钴可以促进红细胞的形成，铜还具有刺激生长的作用，尽管铁仅占猪体的130 mg/kg，铜占2.5 mg/kg，钴的含量更少，但在猪体生理机能中的作用却非常重要，除了铜、铁、钴是造血所不可缺的元素之外，钴还是维生素B_{12}的组成物，缺乏时可以影响铁的代谢，补给猪日粮的10～15 mg/kg的氯化钴或硫酸钴对促进猪只生长是有好处的，至于铜、铁的缺乏，补喂的方法很多，一般让猪自由采食富含铁质的红黏土和在饲料内加入100 mg/kg的铜，也可以应用各种注射剂。

锌对促进生长，防止非常规角质化病具有良好的效果，如果缺锌，猪的皮肤就会发炎、结痂、脱毛、腹泻、生长停滞、体重减轻，严重缺乏时会造成死亡，如在日粮中加入 200 mg/kg 的硫酸锌，可作为对症治疗措施；即在 50 kg 混合干料中加入 10 g 硫酸锌，喂饲 1 周后，症状便可消失。

碘是甲状腺分泌的甲状腺素组成物，是调节猪只生长繁殖和泌乳不可缺的激素，如果缺乏，甲状腺就会发生代偿性增生肿大，山东省的内陆山区缺碘症是有的，防止缺碘症发生的方法是，在母猪产仔前一两周内，喂给含 0.02％碘化钾食盐，即 50 kg 食盐加碘化钾 10 g，此种碘化钾食盐按混合饲料 0.5％～1.0％喂给母猪，便会收到良好效果，喂量过多和连续喂用时间过长，都是有害的。

锰、镁等微量元素，对猪的重要性已被确认，但在一般日粮中不会缺乏，不再一一论述。

(五)维生素

维生素是“维持生命要素”的意思，也是饲料中含量甚微而种类繁多的一种辅助性营养素，每千克饲料所含各种维生素不过千分之几至百分之几克，既不是热能来源，也不是构成体组织的原料但却是猪营养上所必需的，它对蛋白质、碳水化合物、脂肪、矿物质等营养物质，都起着重要的调节作用，甚至可以说，猪体的任何一个代谢过程都离不开维生素，没有维生素参加调节，代谢过程就会受到破坏。

大多数维生素却不能在猪体内合成，即使某些维生素可以合成，也往往不能满足猪体生理上的需要，必须经常由饲料中得到补充，至于猪对各种维生素的需要，由于受着许多因素的制约，比较难以具体掌握，但总的来讲，主要可分脂溶性维生素和水溶性维生素两大类。

1.脂溶性维生素　凡只能溶解于脂肪而不溶解于水的维生素，称为脂溶性维生素。其中主要的有维生素 A、维生素 D、维生素 E、维生素 K 等。

维生素 A，此种维生素对于维持猪的生长繁殖和健康都有重要的作用，缺乏维生素 A 会引起幼猪生长停滞、体重减轻，母猪生殖机能减退，公猪精液质量降低，以及猪群发生夜盲，上皮角质化等病症，必须注意，植物性饲料中不含维生素 A，而是含有胡萝卜素，在猪体内由于胡萝卜素酶的作用，可将胡萝卜素转化为维生素 A，维生素 A 以国际单位(IU)计算，1 g 胡萝卜素的功效，相当于 533 IU 的功效。据测定，每千克豆科青草中含胡萝卜素 30～90 mg，青贮玉米 1～4 mg，优质干草 11～14 mg。胡萝卜 100～250 mg，黄玉米 1～9 mg，其他野生青绿料，也都富含胡萝卜素，在配合饲料时，只要注意搭配些青绿饲料，一般便不会缺乏维生素 A，但饲料和饮水中硝酸盐的含量，直接影响胡萝卜素转化为维生素 A 的效率，一般饲料干物质中含 300 mg/kg 的硝酸盐，是其最高安全限度；饮水中含 50～100 μL/L 的硝酸盐，便可能是极不安全的。

维生素 D，此种维生素又叫抗佝偻维生素，其可以加强钙、磷吸收，调节血液中钙、磷水平，促进骨内钙沉积。缺乏维生素 D，常出现与缺乏钙、磷相同的症状，首先是食欲不振、虚弱、被毛粗糙、跛行、继而小猪形成软骨症，大猪出现骨质疏松症，严重时出现关节肿大，步态不稳，强直性痉挛，一般干草中含有许多的维生素 D，青草中的麦角醇和猪皮内的 7-脱氢胆固醇，经阳光中紫外线照射，可以转化为维生素 D，一头猪晒一天太阳，其皮肤可产生 375～560 IU 的维生素 D，足够其本身的需要，因此，经常生活在阳光下的猪群，不会发生维生素 D 缺乏症。

维生素 E，此种维生素又叫生育酚和抗不育维生素，缺乏维生素 E，除严重影响公猪睾丸停止生成精子，最后形成不育症，母猪不易受孕或受孕后胚胎中途自行萎缩、胎死、产死胎等症状之外，还发现与猪形成白肌病有关系，心肌呈灰白色和萎缩状态，四肢麻痹，维生素 E 在麦胚中含量最丰富，其他棉籽油、大豆油和青绿饲料中含量也较多，但极易被氧化。

维生素 K，此种维生素又叫抗凝血维生素。猪只所需要的维生素 K，一般可由饲料中含有或肠道合成的维生素 K 得到满足，但近年的研究证明，维生素 K 不仅对幼猪出血症可用作对症治疗，而且猪饲料中加入一定数量的维生素 K，还具有防止和治疗幼猪出血症的综合作用，唯猪所需要维生素 K 的分量不同，据报告为每吨饲料 2～10 g。

2. 水溶性维生素　水溶性维生素包括 B 族维生素（B_1、B_2、尼克酸、泛酸、B_{12} 等）和维生素 C，其均溶于水，在猪体内贮存量不大，过量的部分可随尿排出。

维生素 B_1（硫胺素），此种维生素可增进食欲，促进消化，刺激生长。缺乏时，轻则出现消化障碍，严重时造成心脏病症，维生素 B_1 广泛存在于谷类籽实外皮和青绿多汁饲料中，并在酸性饲料中相当稳定，而在碱性饲料中易被破坏。

维生素 B_2（核黄素），其可提高饲料利用率，缺乏时出现营养不良，眼角分泌物增多，严重降低种猪生殖机能，有时全部死产或于产后 24 小时内全部死亡，严冬和早春季节，猪对维生素 B_2 的需要量增加，维生素 B_2 广泛存在于青绿饲料和乳、蛋、酵母中。

维生素 B_3（泛酸），由于此种维生素广泛存在于一切动植物饲料中，故有泛酸之称，一般不易缺乏，如缺乏，则出现食欲减退、运动失调、脱毛，种猪生殖机能严重减退，长期喂给玉米为主的熟料，易患泛酸缺乏症，故宜采用生料喂猪，并注意在日粮中搭配豆科牧草、糠麸、酒糟、花生饼等富含泛酸的饲料。

维生素 B_5（尼克酸），缺乏时出现食欲减退、肠胃炎症和坏死病症，幼猪出现癞皮病、皮炎、耳周围有污垢结痂。玉米、高粱等饲料，不仅尼克酸含量少，且不易被吸收，猪所利用的尼克酸，主要靠色氨酸来合成，而玉米中色氨酸含量又贫乏，这就是用玉米喂小猪易得癞皮病的原因。麦麸、稻糠、花生饼、酵母、鱼粉等饲料都富含尼克酸，特别是苜蓿既富含尼克酸，又富含色氨酸，因而是幼猪最好的尼克酸补充饲料。

维生素 B_{12}，因其含有金属元素钴，故又称钴维素，对蛋白质的利用起重要作用，缺乏时，出现营养不良，皮炎、运动失调、母猪繁殖力降低，植物性饲料不含维生素 B_{12}，自然界的维生素 B_{12} 主要由微生物合成，牛、羊等复胃动物，可在瘤胃内由微生物合成维生素 B_{12}。猪系单胃动物，而猪主要采食植物性饲料，因此，很容易缺乏维生素 B_{12}，当前给猪补充维生素 B_{12} 的现实办法是补饲牛粪，1 kg 牛粪干物质含维生素 B_{12} 高达 470 μg 之多，方法是于运动场一角放置一堆牛粪，让猪自由舔食，有条件时，也可喂给含有维生素 B_{12} 的一部分动物性饲料。

维生素 C(抗坏血酸)，除有助于生长和饲料消化吸收之外，还具有解毒作用，缺乏时，皮肤、黏膜、齿龈发生出血或溃疡，心内膜出血有杂音，公猪睾丸上皮变性，一般青绿多汁饲料和各种落果中，都富含维生素 C，近年的研究证明，哺乳仔猪每头每日口服 75 mg 维生素 C，较之对照组生长快、死亡率低。因而那种认为无需在饲料中补加维生素 C 的意见，值得进一步研究。

(六)水

应该承认，水是一种非常重要的营养物质，猪体重的 1/2～2/3 是水，在正常情况下，幼猪含水量约占其体重的 75%，瘦猪占 58%，肥猪占 44%，成年猪占 45%，可以说机体各种组织的每一个细胞中都含有水分，其中血液含水量为 90%，组织液和消化液中水分高达 99%。猪采食、吞噬饲料需要水，饲料各种营养物质的消化、吸收、运输和利用需要水，饲料残渣和有毒物质的排出需要水，体温调节需要水，泌乳更需要水，等等，水是新陈代谢过程中所必需的，没有水就没有生命。

不管由于什么原因，当水分供给不足时，就会使猪丧失食欲，破坏体内代谢过程，降低增重和饲料利用率，如果使猪只较长时间地处于饥饿状态，消耗其体脂肪和体蛋白达 50%，体重损失达

40%，而猪只仍能生活，但如果猪体失水达10%，代谢过程即被破坏，明显表现出不适感；待继续损失体组织水达20%时，便可引起猪只死亡。

正是因为水对养猪如此重要，因而必须供给猪群足够的清洁饮水，不能认为饲料调制掺和了水就能代替饮水，至于猪的饮水量，很难规定统一标准，大体上气温高，采食精料和猪群年龄幼小，需要饮水量大；反之，气温低，采食粗饲料和年龄老大，需要饮水量就小；综合各种猪群的饮水量，一般为其活重10%～20%，便可以满足猪对水分的需要。

第三节　猪饲料的性质

猪饲料的性质，取决于其种类、来源和营养价值，一般可分为青绿多汁饲料、粗饲料、精饲料、动物性饲料和矿物质饲料5类。

一、青绿多汁饲料

青绿多汁饲料，是一种来源广、数量大、适口性好，富含营养物质和植物浆液，具有轻泻止渴作用的优良饲料，是发展养猪的重要物质基础，其包括青绿料、青贮料、块根、块茎、野草、野菜和枝叶等饲料。

（一）青饲料

青饲料包括栽培青料、水生饲料、作物茎蔓、野生青料和枝叶等。

1. 青饲料的营养特点

（1）含蛋白质量多质优，一般鲜青料含蛋白质2%～6%，按干物质计算含10%～20%，所含各种必需氨基酸量多而完全，其彼此间的比例也接近猪体蛋白质；粗蛋白质中的非蛋白质含氮物，大都是游离氨基酸，易于吸收利用；青饲料蛋白质的生物学价值很高。

(2)含有多种维生素,除维生素 D 之外,其余各种维生素均比较完全,特别是决定于饲料营养价值高低的胡萝卜素,含量尤为丰富,一般每千克青料中含量达 50～80 mg,这是一切精料不能比拟的,饲养各类猪群,只要喂给适量青绿料,便可满足维生素的需要,至于维生素 D,猪群有一定接触阳光的户外活动,也不会缺乏。

(3)含钙、磷丰富而比例合适,按干物质计算,青料含钙量为 0.2%～2.0%和磷为 0.2%～0.5%,豆科植物含钙量特别丰富,且青料含碱性元素较多,与含酸性元素较多的精料配合使用,有助于猪体内的酸碱平衡。

(4)含碳水化合物中无氮浸出物比重大,占干物质的 40%～50%;按干物质计算粗纤维含量为 15%～30%;其粗纤维含量虽然较高,但由于青料植物年龄幼小,与粗料相比较,粗纤维结合的镶嵌物质较少,因而比较易于消化。

2.青料喂猪应注意事项　青料养猪的好处必须肯定,但也要严格避免青料中毒,一是叶菜类青料含有很多硝酸盐,当煮熟后温暖闭气或青菜堆积腐烂时,其中所含硝酸盐在脱氧细菌的作用下,可转变为极毒的亚硝酸盐,使猪患亚硝酸盐中毒,防止的办法是鲜喂,浸水发酵喂,煮熟后冷透喂;二是高粱幼嫩茎叶含羟氰配糖体,经酶作用转变为极毒的氰氢酸,造成氰氢酸中毒,防止办法是青贮后喂饲;三是牛皮菜含有较多的草酸盐,大量喂饲,可因草酸盐结晶引起尿道阻塞,血钙过低和消化机能紊乱,防止的办法是按青料量约加入 0.1%的石灰石粉,使可溶性草酸盐变为不溶性草酸钙,不被吸收利用。

(二)多汁饲料

这类饲料包括地瓜、马铃薯、胡萝卜、甜菜和南瓜等,从营养方面讲,其具有如下特点:

1.含水量多、粗纤维少、消化率高　块根类平均含水量为 74.6%～86.9%,块茎类为 72.8%～74.3%,瓜类平均为 86.8%～

94.8%；粗纤维含量最低为2.4%～3.26%，最高为7.05%～11.89%；有机物的消化率达85%～90%，高于青饲料。

2.无氮浸出物的含量特别高 按干物质计算，其变动范围为62%～87.8%，因而此类饲料是碳水化合物营养的良好来源。

3.粗蛋白质和钙、磷的含量不多，但利用率高 如粗蛋白质含量为青料1/2～2/3，而生物学价值却高达与肉类相似，其含钙量为青料的20%～40%，而利用率也高于青料和精料。

4.含维生素量少而不完全 除维生素C含量丰富和胡萝卜富含胡萝卜素之外，B族维生素等其他维生素均含量很少，喂用此类饲料，应注意补喂维生素饲料。

由于多汁性饲料所含养分，主要是可溶性碳水化合物，因而适宜于非催肥饲料，但要严禁喂发芽马铃薯，以防龙葵碱中毒；严禁喂腐烂地瓜，以免地瓜黑斑病中毒。

二、粗饲料

粗饲料的特点是：粗纤维含量多、体积大、营养价值小，但来源广、数量多，过去主要是用作马、牛、羊饲料，近年来开始少量用于养猪，大体上可分为蒿秆秕壳和干草两大类。

(一)蒿秆秕壳类饲料

此类饲料主要是粗纤维，含量达25%～50%以上，且粗纤维中含木质素多，很难消化，大豆秕粗纤维的消化率为36%，砻糠仅6%；无氮浸出物中缺乏淀粉和糖，主要是半纤维及戊聚糖的可溶性部分，也很难消化，稻草和花生壳的无氮浸出物消化率，仅分别为48%和12%。

此类饲料含有的粗蛋白质，也是量少而难消化，豆秕和稻草蛋白质的消化率，分别只有29%和16%；其他钙、磷含量低，维生素含量微少，甚至基本不含有。山东省群众有习惯用秕壳和玉米芯喂猪，实际上其饲用价值是很小的，特别是玉米芯，饲用价值与磨碎程度有关，如细度为 1～4 mm，猪几乎全部不能消化利用；必须将其磨成细碎粉状，与其他饲料配合喂用，占日粮干物质不超过 10%时，据中国农业科学院畜牧所的试验证明，才能起到较好的作用，为了提高此类饲料的利用价值，全国有关单位，通过利用纤维分解菌、分解酶等进行研究并获得显著进步。

（二）青干草和树叶类粗料

此类饲料与蒿秆秕壳相比，无论是老熟结实前的青草还是秋后保持绿色的树叶，经过干制后，粉碎成糠粉状，按干物质计算，含有 10%～20%以上的蛋白质，相当数量的各种维生素和矿物质营养，而且就是含有 25%～30%粗纤维的消化率也达到 50%～60%，显著高于蒿秆秕壳类饲料。从山东省具有的自然环境条件来看，探索解决养猪粗饲料的途径，夏秋期间，结合消除草荒，大量晒制青干草；秋后霜降前后，大量收集肥绿落叶，确是一项值得研究的课题；甚至可以说，此类饲料的营养价值，是介于精料和粗料之间的优质饲料。

三、精饲料

精饲料是指作物籽实及其加工副产品，一般是含纤维素少，营养成分多，易于消化，具有很高的饲用价值。

（一）禾本科籽实

此类精料的主要特点是：无氮浸出物（主要是淀粉）含量特别高（75%～83%），粗纤维含量较低（6%以下），粗蛋白质含量不多（8%～10%）和必需氨基酸不完全，矿物质磷多于钙，含有维生素不完全，但所有此类精料都富含维生素 E 和都缺乏维生素 D。

（二）豆科籽实

此类精料与禾本科籽实相比较，具有明显的特点是：蛋白质含量高（24%～43%）和所含各种必需氨基酸较多，无氮浸出物含量较低（31%～65%），粗脂肪含量均在 2%以下，但黑豆和黄豆的含脂量却为 15%～18%，维生素与钙、磷含量基本与禾本科籽实相似。

(三)糠麸

此类精料与原粮相比，含有较多的蛋白质、粗脂肪、粗纤维、蛋白质的品质和生物学价值高于禾本科籽实，B 族维生素含量很丰富，胡萝卜素缺乏，矿物质含量磷多于钙，含磷量之丰富在植物饲料中居于首位，含无氮浸出物只有 50%左右，不宜于作催肥饲料。

此类饲料是精料中喂用量最大的一种，而且麸皮还具有轻泻作用，又易于使猪只获得饱感。

(四)油饼(粕)

此类精料是最重要蛋白质补充料、蛋白质含量达 35%～45%，品质好，能平衡禾谷类氨基酸之不足，油饼含无氮浸出物为 33%～36%，脂肪含量因榨油方法不同，其变动范围为 1%～3% 到 4%～8%，并且由于榨油时加热加压，油饼气味芬芳，适口性很好，山东省常用的油饼，主要是豆饼、花生饼、棉籽饼，少量为芝麻饼，但在喂用棉籽饼时，必须将其含有的棉籽毒破坏，或者是实行隔月间断喂饲，以防棉籽饼中毒。但即使脱毒棉籽饼，也不能喂公猪。

在此还必须着重指出，迄今尚有直接用油饼肥田的习惯，这对于营养和经济价值都很高的油饼类精料来讲，不用于先肥猪后肥田，实在是一种极不合理和浪费的做法。

(五)糟渣

此类饲料习惯上都将其划分精料范围，实际上除豆腐渣营养价值较高和酱油渣可作调味料之外，其他粉渣、糖渣、酒糟等，含水量都在 50%～90%以上，容积大，数量多，价格便宜，是城郊养猪的主要精料，但其营养价值高低，因所用加工原料不同而各异，总的来讲，用于饱腹的营养价值大，作用于猪只生产性能的营养价值小，同时酒糟中尚含有少量酒精，喂饲育肥猪和空怀猪无限制，而对小猪和妊娠母猪宜少喂。

四、动物性饲料

动物性饲料是一种高级的优良精料，与植物性饲料相比，蛋白质含量多，必需氨基酸完全，生物学价值高，可提高整个日粮的营养价值，除乳品动物性饲料外，碳水化合物含量极少，几乎不含粗纤维，富含各种维生素，且含有植物性饲料最缺乏的B族维生素和维生素D_3；钙、磷含量充足比例合适；其所含各种营养物质，消化利用率都很高，因此，动物性饲料，是各类猪群最优良的蛋白质、钙、磷的补充料，也是B族维生素和维生素D_3的良好饲料来源。

动物性饲料的种类很多，主要有鱼粉、肉骨粉、蚕蛹、细碎鱼虾、昆虫和乳品加工副产品的脱脂乳、乳清、黄油水等。由于此类饲料来源少、价格高、营养功能大，必须合理喂用，按风干物质计算，以占日粮的5%左右为宜，最多不应超过8%～10%。

五、矿物质补充料

从以上介绍的各类饲料来看，除青绿饲料和价格高的动物性饲料，所含矿物质营养比较完善外，不是含有的矿物质营养不足，就是钙、磷比例不合适，仅靠各类饲料互相搭配补充，解决不了日粮矿物质营养的完善性问题，为此，必须针对各类饲料最易缺乏的钠、氯、钙、磷4种矿物质，给予合理的补充。

(一)食盐

食盐的重要生理作用已如前述，其所含有的氯和钠，正是植物性饲料普遍缺乏的，必须根据猪的体重和季节等情况给予补充食盐，一般每日每头猪补给10～20 g的食盐，便可以满足需要了。

(二)石灰石粉

系天然的碳酸钙，含钙量可达38%左右，是良好的钙质补充料。

(三)贝壳粉

含钙量基本与石灰石相同,亦系良好的钙质补充料。

此两种钙质补充料,应根据日粮的具体情况,适量予以补充。

(四)骨粉

主要成分为磷酸钙,约含钙 30%和含磷 14.5%,其补饲量应根据缺乏情况酌定,但一般每头猪喂给 10~20 g,便可满足需要。

(五)红黏土

每千克红黏土约含 46 g 氧化亚铁,通常猪从采食的饲料中,便完全可以满足对铜、铁的需要,只有未开食和开食不久的哺乳仔猪,易发生缺铁现象,因此,在猪栏内放置新鲜红黏土,让猪自由舔食,是给仔猪补铁和预防营养性贫血的有效措施。

第四节 猪的消化特点

猪是杂食动物,其消化器官结构和对营养物质的消化,具有一定的特点。

一、猪的消化系统

猪的消化系统,主要包括口腔、食道、胃、小肠、大肠,以及胰脏、肝脏和其他腺体。

(一)口腔

猪的口腔是采食器官,形似拙笨,实际比较灵巧,山东省的垛山猪,甚至能将拱食的花生吐出壳皮,只留适口性好和营养价值高的果米食入,食物进入口腔后,依靠舌、齿和上、下颚的协同动作,在将食物咀嚼粉碎过程中,浸润以唾液腺分泌的唾液,使食物形成湿软滑润的食团,便于吞咽。

(二)食道

食道是连接猪口腔与胃间的一根柔软管道,是咀嚼好的食团咽入胃内的通路。

(三)胃

食团进入胃后,胃腺分泌消化酶和盐酸,消化酶分解蛋白质,盐酸使食物膨胀,便于消化并杀死从口腔进入胃内的有害细菌,保护机体。食物在胃内经过暂时贮存后,借助于胃壁肌肉收缩,将食物推进至小肠。

(四)小肠

猪小肠是重要的消化器官,长度很大,特别是我国猪种,8 月龄左右的肥猪,小肠长度可达 16 m 以上。食物进入小肠后,小肠腺开始分泌肠液,胰腺分泌胰液,肝脏分泌胆汁,肠液和胰液中含有丰富的消化酶,将蛋白质分解为氨基酸,淀粉分解成葡萄糖,脂肪分解成甘油和脂肪酸,胆汁使脂肪乳化和脂肪酸形成可溶性物质。这些被消化的营养物质,通过肠腔表面无数毛样突起的肠绒毛,进入毛细血管或淋巴管,进而汇合到血液中运送至全身被吸收利用。

(五)大肠

大肠包括盲肠、结肠、直肠 3 部分。食物经小肠消化吸收后,剩余物依靠小肠壁肌肉蠕动而进入大肠,大肠的消化功能主要由微生物来完成,其将营养物质进一步分解,并进而吸收水分、无机盐,最后形成粪便排出体外。

二、猪对几种营养物质的消化

饲料中含有的碳水化合物、蛋白质和脂肪等营养物质,是不溶于水的,必须经过猪消化道内物理的、化学的和微生物的一系列消化作用之后,变为能溶于水的物质,才能被吸收利用。

(一)碳水化合物的消化

碳水化合物经口腔唾液酶的消化作用,可将淀粉转变为葡萄糖,但由于口腔消化过程的时间短,碳水化合物的消化,主要是在小肠内进行，小肠液和胰液含有的淀粉酶、麦芽糖酶、乳糖酶，能使多糖变成单糖，变成能溶于水的物质，然后经小肠吸收进入血液。

（二）粗纤维的消化

纤维是植物细胞膜的主要成分，植物生长的时间越长，其细胞膜就越增厚变硬，纤维素含量就越多，随之饲料的营养价值就越低，粗纤维不受各种酶的消化影响，只有在肠道微生物的作用下，才能使其分解转变成为葡萄糖，也就是说，猪只有大肠微生物参加粗纤维的消化，但消化能力很差。

（三）脂肪的消化

脂肪在口腔内不起变化，在胃内变化也很小，只有在小肠中经脂肪酶的作用，分解为甘油和脂肪酸，进而与胆汁起皂化作用，变成能溶于水的物质，此外，由于胆汁渗入的物理作用，可使脂肪分离成极微小的脂肪球粒，呈稀薄的乳状液，经由肠壁的淋巴、毛细管进入血液。

（四）蛋白质的消化

蛋白质在口腔内不起变化，在胃、肠内受胃蛋白酶、肠蛋白酶、胰蛋白酶的作用，使蛋白质分解成为氨基酸，由小肠吸收进入血液。

各种营养成分，经复杂的分解消化进入血液，并随血液送达机体各组织器官，在那里经过一系列的生理生化变化，最后又形成不溶于水的物质，即猪的体蛋白、体脂肪、肝糖原等，也就是长成了肉、油、皮、毛、乳等，于是体躯不断增长，体重不断增加。

第五节　广辟饲料来源，保证饲料供应

猪的饲料，概念是广义的，凡是含有养分、适口性好、饲用无害、幼猪能生长、种猪能繁殖的物质，便可称为猪的饲料。从饲料性质来讲，基本上可分为植物性饲料、动物性饲料、矿物质饲料3

类,其中植物性饲料中又包括:青绿多汁饲料、粗饲料、精饲料 3 种。

一、广辟饲料来源

由于青饲料来源广,潜力大,营养完全,适口性好,质地幼嫩具有轻泻止渴功能,易于消化利用,因而研究广辟饲料来源,青料不能不占首位,所谓“青料”的具体概念,根据我们几十年来的养猪实践体会,应该指的是青鲜料、青贮料、青干料 3 者而言,不能单纯理解为狭义的青鲜料。

因地制宜的多方面开辟饲料来源,在具体做法上,可以归纳为“种植”、“采集”、“收贮”3 项综合措施。

(一)种植

猪的饲料种植,一般可分为抢茬种植、间作套种、“见缝插针”种、专用地片种,对此要研究的中心技术问题是:占地茬、赶时间、夺光照、抢空气,争取生产更多的优质饲料。

1. 抢茬种植　抢茬可分为抢春茬与抢秋茬两种种植。

(1)抢春茬就是抢在种植春地瓜或玉米之前,种植一茬青料,如春地瓜一般在 4 月下旬或 5 月中上旬插秧,这样在 3 月下旬利用春地瓜地抢种快长耐寒的豌豆或大麦,至 5 月中旬收割,一般能亩产 500 kg 左右的大麦或豌豆,水肥土条件好时,产量还要高。

(2)抢秋茬就是在早熟春玉米收获后,利用播种冬小麦之前这段时间,抢种一茬绿豆青料,每亩可产 500 kg 左右,绿豆收获时将根留在地里做肥料,可谓一举两得。

2. 间作套种　间作套种的方式方法很多,套种粮、菜、瓜等。

(1)地瓜地套种:我们曾试验在地瓜沟底套种南瓜,每 2 m 种南瓜一棵,每棵只留一个南瓜,待 6 月中下旬地瓜蔓下沟时,即收瓜拉蔓,每亩可产南瓜 500 kg 左右,基本不影响地瓜生长。

(2)西瓜地套种:山东省种植西瓜面积很大,西瓜行距约 1.8

m，在此宽幅行距中抢种3行青料，第一行距瓜约66 cm，第二、三行行距各33 cm，以种豌豆为例，3月底播种，每亩下种5 kg，第一行西瓜团棵和豌豆挂铃时收割；第二行西瓜伸蔓和豌豆开花收割；第三行西瓜蔓长33 cm和豌豆结荚时收割，如此，不影响西瓜生长，每亩可产1 000 kg左右的青料。同时利用西瓜拉蔓后种麦前，还可抢种一茬秋菜或绿豆类青料，每亩亦可收获500 kg左右。

3.“见缝插针”种　所谓见缝插针种，就是要把所有可以利用的空间土地都用来种植养猪饲料，根据近年来我们的实践证明，只要领导重视，群众发动得好，基本上还是可以种到“坑塘荒地绿，四旁十边青”的。如我们在肥城县的东、西大封村，除配合发动群众大种零星空间地外，还集中统一组织力量，把大片的沙石荒山，于旧历正月底2月初，全部撒播了白花草木樨，当年初见效果，第二年东大封村草木樨长满了山，春季就开始满足了集体养猪、养鸡的优质青料供应。

4.专用地片种　除了有条件的水面可种植水生饲料外，按山东省大部分地区平均每人占有耕地在1.5亩以上，完全有条件划出一定数量的专用地来种植高产优质饲料，逐步实施粮食作物、经济作物和饲料作物3元种植。

(1)密植地瓜秧：我们认为，在推广其他高产优质饲料的同时，应当提倡大种密植地瓜秧，无论其生产数量还是按生产绝对营养物质计算，都不愧是一种高产优质饲料。在种植技术上，与苜蓿相比，优点是当年就可丰产，只要施足基肥和追肥，密植达到行距66 cm和双株距10 cm，全年可收割5茬，共15 000 kg左右的鲜地瓜秧和500 kg上下的小地瓜，特别是6月下旬收割的第一茬鲜地瓜秧（每亩2 500 kg左右），正好可以供应种植夏地瓜的秧苗，因此，把密植地瓜秧作为专用地片种植的高产优质饲料，具有双重意义。

(2)水葫芦：在我国的南方来讲，水葫芦、水花生、水浮莲等水生饲料，确实是养猪的高产优质饲料，北方也可以种植水葫芦养猪，因为冬季大棚保苗技术已经解决了。

(二)采集

采集饲料的主要对象是天然资源，原则上要求地上、空中、水内生长的动植物资源，不失时机地采集起来，供作养猪饲料，以求达到物尽其用。

供作养猪饲料的湖草，达10余种之多，常年可供利用，春夏秋3季鲜喂，冬季喂用干制粉碎湖草，其所含各种养分，较之陆生野草，不仅无甚差异，而且粗纤维含量较少，质地更加幼嫩。

秋后树叶采集：所有林木叶类饲料，其营养价值较饲用草类为高，如以蛋白质含量为例，所有叶类都为10%～25%，为了解决林牧矛盾，我们主张集中在秋后霜降左右采集，此时采集树叶已无碍于林木生长，而且叶片肥厚且尚保持青绿或黄绿颜色，特别是刺槐类叶片，4～5 kg便可晒制成1 kg干叶片饲料，就其所含蛋白质营养来讲，2 kg干刺槐叶便超过0.5 kg优质豆饼的含量，将大量采集起来的秋后树叶，晒制成干叶粉，是一种介于精料与粗料之间优良蛋白质、维生素、矿物质补充料，大体上1 kg干制树叶类饲料，接近1 kg麸皮类精料的营养价值。

(三)收贮

收贮饲料，主要是指对农作物副产品饲料的收贮，此类农副产品饲料的数量很大，包括作物的秸秆、蔓叶、糠秕等，按风干物质计算，粮食产量与副产品产量的比例，平均为1∶(1～2)，其中除去2/3质地老硬和不宜于作饲料的部分，其余收贮作为养猪饲料，收贮饲料可分为青贮与干贮两类。

1.农副产品青贮　饲料青贮是保存饲料养分和良好适口性，保证常年供应养猪青料的妥善措施，据测定，饲料青贮，其原含营养物质的损失一般不超过10%，每年可喂5个月的青贮料。

2.农副产品干贮　干贮与青贮相比，营养成分损失要大得多，一般鲜料晒制成风干料，要损失原含养分 30%左右，如果晒制过程处置不当，营养成分损失还要大，因此，应该严格要求，保证干贮饲料质量，即晒制风干农副产品饲料，保持黄绿色者为料，雨淋变黄黑者为草。

二、保证饲料的常年均衡供应

保证饲料的常年均衡供应，关键在于采取有效措施，挖掘饲料资源潜力，注意计划用料，做到以旺补淡。

(1)通过种植、采集、收贮 3 项广辟饲料来源的有效措施，可以生产和贮存起来青鲜料、青贮料和青绿风干粗料。

(2)饲料的常年均衡供应，根本问题是要做到常年不断青。如每年从 5 月 1 日起至 9 月底(150 天)主要靠采集野草、野菜、辅之喂以种植青料；每年的 10 月 1 日至 11 月 31 日(60 天)，全部喂用秋收地瓜蔓代替青料；每年的 12 月 1 日至次年的 4 月 30 日(150 天)，完全依靠喂用青贮秋收地瓜蔓，辅之喂以青贮野青草。

(3)至于养猪精料和动物性饲料的常年均衡供应，要预先制定计划，及时采购。

(4)养猪所需要的矿物质饲料，只要调配得当，常年均衡供应不存在问题。

第六节　鸡粪饲料喂猪

由于广泛使用配合饲料喂鸡，鸡粪的营养成分显著提高。猪采食鸡粪就像人吃巧克力一样大开胃口，不仅能大幅降低饲养成本，还有利于环境净化，是一项十分实惠的技术措施。

鸡粪喂猪技术实质上是饲料资源的循环利用，在世界各地得到广泛推广与应用。国外早就将大量的鸡粪制成再生饲料充分利用，以解决部分饲料的供应问题，如英、美、德等国将鸡粪再生饲料的生产当成一个行业。制成一种叫“托普蓝”的饲料。在市场上出售，利用这种饲料和燕麦、玉米等混合来喂家畜，其营养价值比得上普通的配合饲料，而饲养成本可降低30%左右。

一、鸡粪中的营养成分

鸡粪除了能提供几乎全部矿物质（特别是钙）以外，还提供大量蛋白质，但消化能较低，应与能量较高的饲料配合起来喂猪。

表5-1 鸡粪的营养成分

类型	干物质(%)	养分(干物质的%)					
		粗蛋白质	粗纤维	钙	磷	灰分	总消化养分
肉用仔鸡粪	87	33.0	11.0	2.6	1.9	12.0	70
后备鸡粪	85	24.0	16.0	2.6	1.9	18.0	62
产蛋鸡粪	75	25.0	17.0	5.0	2.1	26.0	40

鲜鸡粪中存在着许多微量元素、维生素K_2、大多数B族维生素和其他维生素或维生素原，其数量比其原来采食的饲料多得多。除维生素外，鸡粪中还包含许多未识别营养(生长)因素。

二、鸡粪的加工

鸡粪要尽快进行加工处理，以防迅速分解，保留其完整的营养成分。一般要求每天至少收集1次。

鸡粪加工方法很多，许多工艺都能把粪便加工成稳定的产品。各个养禽场可根据实际情况任意选用。

适当加工的鸡粪的外形、味道和气味都很好，已没有原来的不良特征。发酵及青贮过的鸡粪带有酒香味，烘干的鸡粪带有烘干的糊香味，都达到除臭灭菌的目的。

1.普通密闭发酵法　将鲜鸡粪装入适当容器中，加入适当水分(冬季应拌入 60℃热水),密封,利用鸡粪中的微生物作用进行自然发酵。发酵时要求周围环境温度不低于 15℃,当发酵温度超过 45℃时,就要翻转容器,待温度恒定并与外界温度相同时(约需 2 天),发酵完成。

密闭发酵处理能明显提高鸡粪喂猪的营养价值,与新鲜鸡粪相比,发酵鸡粪中的粗蛋白、总氨基酸和猪必需氨基酸的含量分别增加了 15.78%、17.96%和 14.49%。

2. 自然晾晒法　将一定量新鲜鸡粪放于水泥地面上或洗净晾干的塑料布上,并在阳光下晾晒 2 天,使鸡粪自然干燥(其中水分降到 10%以下)。

此法受天气制约很大,因此,要在上面加盖塑料大棚。以防雨淋。

3. 机械干燥法　将鲜鸡粪摊成一薄层,然后放入预先加热的 101-2 型电热鼓风箱内 180℃烘干 30 分钟。也有用大型烘干设备连烤加吹热风,70℃ 12 小时或 140℃ 1 小时,国外有 500℃ 12 秒钟完成脱水工艺。这种快速干燥的优点是可充分保留粪便的养分(只损失 4%～6%),同时可达到去臭、灭菌和灭除杂草种子等目的。

近年来,我国研制成功的热喷处理设备和微波处理设备,效果都很好,可以选用。

4. 青贮　鸡粪青贮是简便易行的加工方法,其经济优点明显。特别是家禽场已经建立了青贮塔,优点就更为明显。小农场可用塑料袋,青贮窑或粗排水管(直径为 1.2～1.8 m)也可进行青贮。排水管直立水泥地或砖地上,底部留个出口。

鸡粪可与水果废料和蔬菜废料、块根饲料等混合青贮或单独与糖蜜青贮,如果日粮成分中可溶性碳水化合物的数量不足,必须添加糖蜜(1%～3%)或其他来源的可发酵碳水化合物。

青贮是一种简便方法,不仅可防止粗蛋白质损失,而且还可使部分有效非蛋白氮转化为蛋白质结合氮(真蛋白质)。

发酵过程约 10 天完成,但最好用 21 天的青贮料进行饲喂。

5. 鸡舍内干燥　在鸡舍内铺垫吸潮物质,加强通风,促其自然干燥。此法简单易行,成本低,但时间较长。

三、鸡粪喂猪的方法

1. 鲜鸡粪喂猪　东南亚各国采取鸡猪同圈饲养,鸡笼放在猪圈上方 1.5 m 地方,排出的鸡粪几秒钟内被猪舔食干净,大约可节省 30%的饲料,一般是 5 只鸡粪供一头猪食用。

泰安市北集坡镇养殖专业户刘传香用鲜鸡粪喂猪,猪粪上果树,收到良好的经济效益。她是用 2/3 配合饲料加上 1/3 鲜鸡粪(折干)混合后喂育肥猪。

如疫病正在流行,暂停使用。

2. 用加工鸡粪喂生长育肥猪　国内外大量试验表明,70%的基础日粮+30%鸡粪再生饲料,不限量饲喂,与完全喂基础日粮的对照组相比,其平均日增重十分接近,平均每头可节省 58.25 kg 饲粮(山东农业大学试验结果)。

如果提高鸡粪在日粮中的比例,如添加到 40%以上,则必须添加糖蜜、糖渣、次粉或油脂,以补充能量不足。

3. 用 40%发酵鸡粪饲喂怀孕母猪　张鹤亮等试验在怀孕母猪日粮中添加 40%发酵鸡粪取得良好效果。比不加鸡粪的对照组降低成本 33.04%。

其配比(%)如下:发酵鸡粪 40.0、玉米 44.0、豆饼 1.0、麦麸 14.85、食盐 0.13、多维 0.02。

试验结果还表明,发酵鸡粪能提高怀孕期增重。随着发酵鸡粪添加量的增加,母猪泌乳力(20 日龄窝重)有逐渐提高的趋势。其原因可能在于发酵鸡粪不仅粗蛋白、总氨基酸和猪必需氨基酸的含量都有所增加,而且富含 B 族维生素、各类酶与各种酸、醇等芳香刺激物质能明显改善母猪的消化与营养状况。

建议，空怀待配母猪可添加发酵鸡粪达40%，哺乳母猪可添加20%～30%。

四、鸡粪喂猪对肉品品质、猪体寄生虫和肠道微生态的影响

据山东农业大学试验研究表明，鸡粪喂猪对其肉品的感官品质和食用品质多项理化性状无明显不良影响，如不同比例鸡粪喂猪后肉品的色泽、贮存的稳定性、嫩度和各种氨基酸，特别是人体必需氨基酸的含量等品质性状间差异不显著($P>0.05$)，鸡粪喂猪后仅肉品弹硬度稍高及谷氨酸和天门冬氨酸含量稍低，但都属正常范围之内，品尝无异味，对肉质与风味无不良影响。试验证明，鸡粪喂猪不会引起畜禽疫病传播和寄生虫的感染，猪体肠道内微生态环境没有变化，同时，鸡粪喂猪的肉品中BHC和DDT残留量与其他猪肉无显著差异，并远低于食品卫生规定之标准，食用安全可靠。

第七节　饲粮配合

这一节将论述饲粮配合有关技术问题。

一、饲粮配合的目的意义与原则

猪的科学饲养是建立在合理利用各种饲料以符合营养需要的基础上的，既要发挥营养物质的作用，又要配合合理精确，降低成本。

饲养标准规定了在一定生产水平下应供给一头猪的各种营养物质数量，而所供给的各种营养物质均由饲料来满足，饲料营养成分表格排列了各种饲料的营养物质含量。日粮是指一头猪每日(24小时)所采食的饲料量，单一饲料很难满足营养需要量，必须选取几种不同的饲料互相配合，这种按比例配的满足饲养标准营

养需要量的大量混合饲料称为“饲粮”。

饲料配合时应掌握如下原则：

(1)配合日粮应力求符合饲养标准，还应根据饲养实践或原料供应情况适当调整，灵活应用。

(2)应以当地饲料资源而定，选用较为优质廉价的饲料配制。

(3)必须考虑猪的消化生理特点，选用适宜的饲料。

二、饲粮配合的几种方法

猪的饲料配制的首要问题是能量饲料与蛋白饲料的适宜比例，不像反刍家畜那样日粮中首先考虑粗饲料满足喂量。

猪的饲料分为能量饲料与蛋白补充饲料两部分。下面介绍几种日粮配合的方法。

(一)对角线法

如果将两种养分含量不同饲料混合，达到所要求的养分混合料，可用对角线法计算。

例 1 应用玉米（含粗蛋白 9.92%）和豆饼（含粗蛋白 46.06%），为生长猪配合一个含粗蛋白 16%的日粮。

①画一个四角形，在方块中央写上所需混合料的粗蛋白 16%，并在四角形左上角写上玉米粗蛋白含量 9.92%，在左下角写上豆饼粗蛋白含量 46.06%，如下图所示。

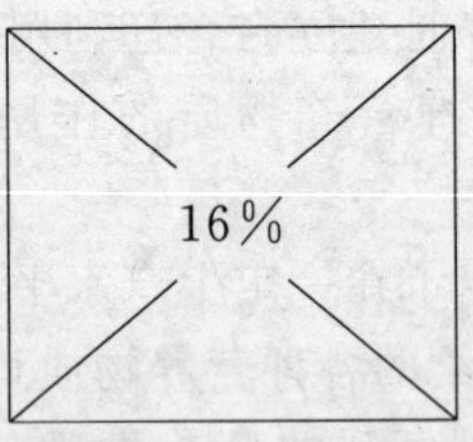

②依方块两个对角线进行计算，由大数减小数，即 16－9.92＝6.08；46.06－16＝30.06。所得数值分别写到右下角与右上角。

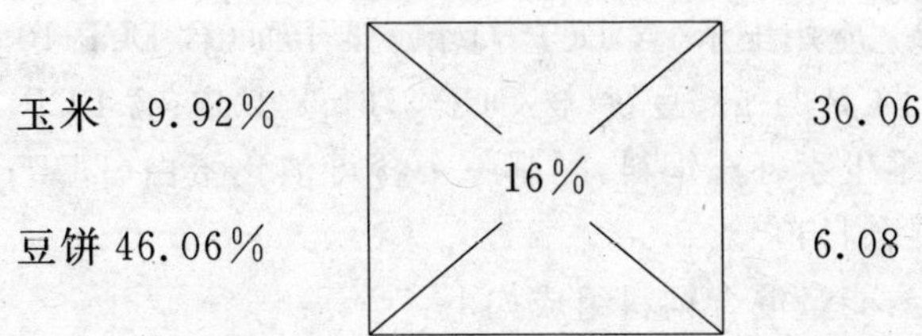

③上一步右上角的 30.06，即为 30.06 份玉米；右下角的 6.08，即为 6.08 份豆饼。30.06＋6.08＝36.14（份），即为粗蛋白日粮的总份数。

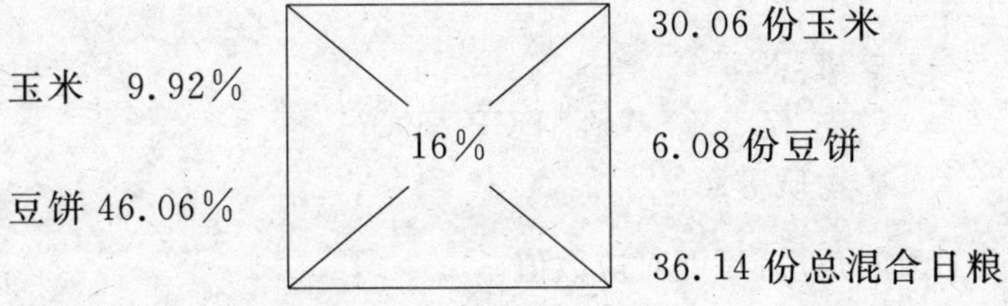

④把上述份数折算成百分率，即

$$玉米=\frac{30.06}{36.14}\times 100\%=83.18\%$$

$$豆饼=\frac{6.08}{36.14}\times 100\%=16.82\%$$

（或 100％－83.18％＝16.82％）

因此，生长猪的混合日粮为

玉米	83.18％
＋ 豆饼	16.82％
合计	100％

应用此法配制混合日粮，其原则同样适用于比较复杂的多种饲料间的混合。

例 2 应用玉米（含 DCP 71 g）、瓜干面（含 DCP 10 g）、地瓜秧粉（含 DCP 24 g）、豆饼（含 DCP 376 g）、麸皮（含 DCP 108 g）及矿物质、维生素补充饲料，配制一个含可消化蛋白（DCP）130 g 的生长猪混合日粮。

假定：能量混合饲料组成如下：

玉米 75％
瓜干面 14.8％ } 含 DCP 57.18 g
地瓜秧粉 10.2％

假定：蛋白、维生素补充组成如下：

豆饼 58.3％
麸皮 37.5％ } 含 DCP 259.71 g
矿物质等 4.2％

①画四角形，写上对应数值。

能量混合料 57.18

蛋白质补充料 259.71

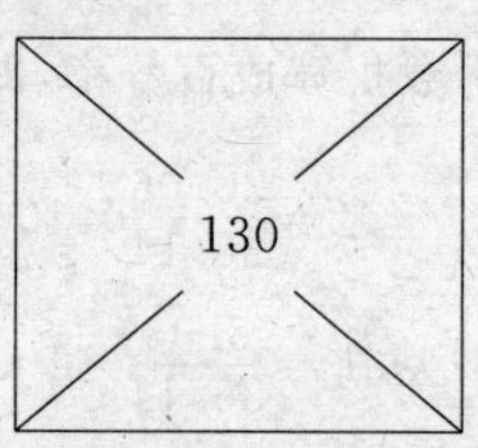

②计算对角线对应值

能量混合料 57.18 129.71

蛋白质补充料 259.71 72.82

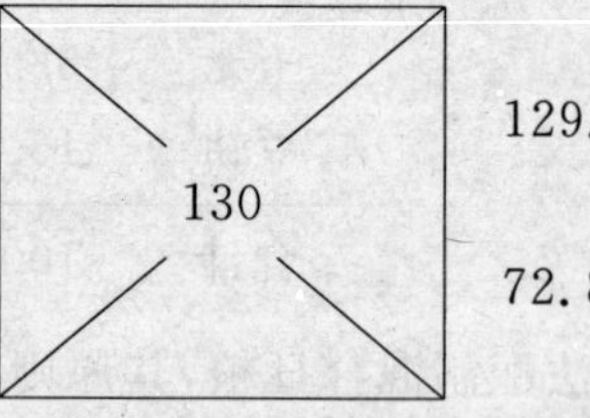

③分析：右上角 129.71 即为 129.71 份能量混合料；右下角 72.82，即为 72.82 份蛋白质、矿物质、维生素补充饲料。因而，129.71＋72.82＝202.53(份)，即为可消化蛋白质 130 g 的混合日粮总份数。

能量混合料 57.18

蛋白质补充料 259.71

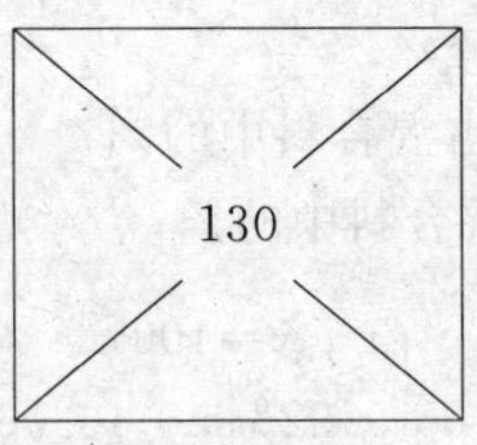

129.71 份

72.82 份

202.53(份)

④把以上份数换算成百分率，即

能量混合料$=\frac{129.71}{202.53}\times 100\%=64\%$

蛋白质补充料$=\frac{72.82}{202.53}\times 100\%=36\%$

在 64％的能量饲料中：

玉米面 64×75％＝48％

瓜干面 64×14.8％＝9.5％

地瓜秧粉 64×10.2％＝6.5％

在 36％的蛋白质补充料中：

豆饼占 36×58.3％＝21％

麸皮占 36×37.5％＝13.5％

矿物质、维生素添加剂 36×4.2％＝1.5％，因此，生长育肥猪的日粮配方组成如下：

玉米	48％
瓜干面	9.5％
瓜秧粉	6.5％
豆饼	21.0％

麸皮　　13.5%
矿物添加剂　　1.5%
合计　　100%

(二)代数法

以上例1求解。

设 x 为玉米占混合料中的%；

y 为豆饼占混合料中的%；

则
$$\begin{cases} x+y=100 \\ 9.92\%x+46.06\%y=16 \end{cases}$$

解方程得：

$$\begin{cases} x=83.18\% \\ y=16.82\% \end{cases}$$

由对角线法和代数法计算日粮，一次只能计算日粮中的一个营养值的指标，如果有七八种饲料来配合一个日粮，而且同时要计算日粮中的能量、蛋白、钙、磷及几个必需的氨基酸水平，用对角线法和代数法就要复杂得多，要通过几次对角线法或用三元一次方程等来计算，况且混合能量饲料及混合蛋白补充饲料的比例还要凭经验进行调配。因此，上述两种方法仅适用于已配合好的浓缩饲料时，计算浓缩饲料和能量饲料在日粮中的比例，可很快算出结果，否则是比较麻烦的。下面介绍另一种方法：试差法。

(三)试差法

试差法是目前生产中普遍使用的方法，试差法又称凑数法。用试差法计算畜禽的日粮时，初学者，要首先识别猪的日粮配方，掌握猪日粮的特点，各种猪日粮中能量饲料、蛋白质饲料、矿物质饲料大概的比例，这样较能很快地算出畜禽的日粮配方。如果对猪日粮的各种饲料组成比例一无所知，那就要花费很长的时间，即使算出了日粮配方，虽已符合标准的要求，在生产中也不一定有实用价值。

例 3　假设用玉米、麸皮、豆饼、花生饼、瓜干面、鱼粉、骨粉、食盐、复合添加剂配制一个 10～20 kg 阶段仔猪料配方。

配合步骤：

①首先从猪的饲养标准中查出生长育肥猪(10～20 kg)阶段的日粮中的养分含量：

消化能	12.97 MJ
粗蛋白	19%
赖氨酸	0.78%
蛋氨酸+胱氨酸	0.51%
钙	0.64%
磷	0.54%
食盐	0.23%

②根据饲料成分表查出各种饲料的营养组成(表 5-2)。

表 5-2　饲料原料的营养组成

饲料原料	消化能(MJ/kg)	粗蛋白(%)	赖氨酸(%)	蛋氨酸+胱氨酸(%)	钙(%)	磷(%)
玉米	14.02	9.92	0.23	0.21	0.03	0.25
瓜干面	13.89	4.15	0.15	0.07	0.05	0.03
麸皮	9.83	14.51	0.53	0.31	0.14	0.52
豆饼	13.89	46.06	2.40	0.83	0.34	0.47
花生饼	13.26	47.21	1.66	0.81	0.31	0.49
秘鲁鱼粉	14.10	64.30	4.32	1.69	3.43	3.08
骨粉					30.5	14.3

③根据日粮中营养水平估计日粮中各种饲料的大概比例。根据饲养工作实践经验，仔猪日粮中各类饲料的比例为：

能量饲料	60%～70%
植物蛋白质饲料	20%～25%
鱼　粉	4%～5%
骨　粉	1%
食　盐	0.25%
添加剂	1.0%

④在以上几步的基础上，大体估计确定各种饲料的百分数。玉米40%、瓜干面20%、豆饼10%、花生饼10%、麸皮14%、鱼粉4%、骨粉1%、盐0.25%、添加剂1%，先计算日粮中消化能和粗蛋白水平(表5-3)。

表5-3　各种饲料原料的占有比例

饲料原料	日粮组成(%)①	DE(MJ/kg)		CP(%)	
		饲料中②	日粮中①×②	饲料中③	日粮中①×③
玉　米	40	14.02	5.607	9.92	3.968
瓜干面	20	13.89	2.778	4.15	0.83
麸　皮	14	9.83	1.376 5	14.51	2.031 4
豆　饼	10	13.89	1.389	46.06	4.606
花生饼	10	13.26	1.326	47.21	4.721
鱼　粉	4	14.10	0.564	64.30	2.572
	98		13.040 7		18.728 4

经计算，日粮中消化能浓度比标准高0.070 3 MJ，蛋白质低0.27%，因而要提高日粮中蛋白水平，就要提高豆饼或花生饼等在日粮中比例。由于玉米含能值比豆饼高，所以用玉米对换。加上

1%豆饼减去1%玉米，蛋白质水平变为18.728 4+1%×46.06−1%×9.92=19.089 8(%)，能量值变为3.116 8+1%×3.32×1%−3.35=13.039 4MJ。

经过调整，蛋白质水平达到标准要求，能量水平高69.036 kJ，进一步调整，减去1%玉米，加上1%麸皮，蛋白质水平为：19.089 8−1%×9.92+1%×14.51=19.135 7(%)；能量水平为：3.116 5−1%×3.35+1%×2.35=12.997 6 MJ。

因日粮中配合多出0.25%，从调整的水平看，均稍高，再减0.25%麸皮，即蛋白水平19.135 7−0.25%×14.51=19.099 4(%)；能量水平3.106 5−0.25%×2.35=12.97 MJ。

经过进一步调整的日粮中蛋白含量约为19.1%，能量水平约为12.97 (MJ)，与标准相符。

经调整后的日粮配方重新组成如表5-4所示。

表5-4　重组后的日粮配方

饲料原料	日粮组成(%)	日粮中含量	
		DE(MJ/kg)	CP(%)
玉　米	38	5.326 2	3.769 6
瓜干面	20	2.778 2	0.83
麸　皮	14.75	1.450 28	2.140 225
豆　饼	11	1.528	5.066 6
花生饼	10	0.071 1	4.721
鱼　粉	4	0.564	2.572
	97.75	12.973	19.099 425

⑤进一步计算日粮中的钙、磷和氨基酸含量如表5-5所示。

表 5-5 日粮中的钙、磷及氨基酸含量 %

饲料原料	日粮组成	钙	磷	赖氨酸	蛋氨酸+胱氨酸
玉米	38	0.011 4	0.095	0.087 4	0.079 8
瓜干面	20	0.01	0.006	0.03	0.014
麸皮	14.75	0.020 65	0.076 7	0.078 175	0.045 725
豆饼	11	0.037 4	0.051 7	0.264	0.091 3
花生饼	10	0.031	0.049	0.166	0.081
鱼粉	4	0.137 2	0.123 2	0.172 8	0.067 6
骨粉	1	0.305	0.143		
合计		0.552 65	0.544 6	0.798 4	0.379 4
标准		0.64	0.54	0.78	0.51
与标准比较		−0.09	+0.005	+0.02	−0.13

经计算，与标准比较，钙差 0.09%，蛋氨酸+胱氨酸差 0.13%，其余指标都符合标准。因添加剂中含部分钙，有 1%添加剂日粮中钙量足以达到可不予考虑，蛋氨酸+胱氨酸差 0.13%，可用另补加蛋氨酸来补充。因而最终调整的配方组成如下：

玉米 38%、瓜干面 20%、麸皮 14.75%、豆饼 11%、花生饼 10%、鱼粉 4%、骨粉 1%、微量元素、维生素添加剂 1%、食盐 0.25%，合计 100%，配方中另加蛋氨酸 0.13%（即每吨混合饲料中加蛋氨酸 1.3 kg）。

(四)应用线性规划技术，借助电子计算机计算最低成本的饲料配方

线性规划是一门较新的应用科学，由于在线性规划的一些实际问题中，约束条件都可以用线性方程组或线性不等式组来表示，而目标函数也是用线性方程来表示的。因此，从数学角度讲，线性规划问题是，力求某一目标函数在一定的约束条件下的最大值（或最小值）问题。因而，可以解决在多种饲料，多种营养水平的平衡上计算出最优饲料配方。关于这方面的知识请参阅有关专著。

三、因地制宜选用高科技饲料

改革开放以来，我国饲料工业蓬蓬发展，其中一些高科技饲料加工厂，技术力量雄厚，设备精良，为养猪业步入高产、优质、高效的新阶段，做出了积极贡献。有些成分用量很少，没有又不行，例如，有些成分只需要百万分之几，一般农户是难以配匀的，如用选用高科技的预混料或浓缩料，回到家里配合就很方便了。

（一）几种饲料的专用名词

1. 全价配合饲料　利用现代动物营养原理和营养需要，按照不同日龄（或年龄）、不同类型的猪，配制不同的全价配合饲料。全价配合饲料营养最完全，最适合猪的生长发育，虽然价格稍贵，但效益也最好。

2. 预混料　是饲料的初级产品，它是根据猪的营养需要，配制的各种添加剂的总和，主要是维生素、矿物质和氨基酸等。大、中型养猪场，常常需要购买预混料来配制全价配合饲料。

3. 浓缩料　浓缩料是饲料的半成品，是用预混料和蛋白质饲料混合而成。浓缩料按说明比例加入能量饲料之后就成为全价饲料，使用方法简便，在能量饲料充足，蛋白质饲料缺乏地区适用。

（二）怎样利用预混料和浓缩料

下面以 5％的预混料和 15.0％～33.0％的浓缩料为例，说明配制方法（表 5-6、表 5-7）。

表 5-6 猪用5%预混料建议配方

品　种	使用阶段	混合比例(%)			
		玉米	麸皮	豆粕	预混料
小猪	体重 15～30 kg	72.0	5.0	18.0	5.0
中猪	体重 30～60 kg	70.0	10.0	15.0	5.0
大猪	体重 60～100 kg	69.0	18.0	8.0	5.0
怀孕母猪/种公猪	怀孕前期,85 天	66.0	18.0	11.0	5.0
哺乳母猪	怀孕后期,哺乳期	70.0	10.0	15.0	5.0

表 5-7 猪用浓缩料营养成分及建议配方

品种	使用阶段	营养成分(%)				混合比例(%)		
		粗蛋白	钙	磷	食盐	玉米	麸皮	浓缩料
乳猪	7 日龄至 15 kg	38	2.5～3.5	1.0～1.5	1.0～1.5	67.0		33.0
小猪	15～30 kg	35	2.5～3.5	1.0～1.5	1.0～1.5	65	10	25.0
中猪	30～60 kg	35	2.5～3.5	1.0～1.5	1.5～2.0	65	15	20.0
大猪	60～100 kg	35	3.0～4.0	1.0～1.5	1.5～2.0	65	20	15.0

另外,也可以选用1%的预混料和20%的浓缩料。

四、配制饲料注意事项

▲严把原料质量关。所选原料要求营养含量正常、水分含量较低、不发霉变质、没有虫蚊、杂质少,不同选料分类保管,对号入座,防止混杂。

▲计量准确,不差丝毫。

▲混合均匀。

▲种子饲料粉碎后不可放置时间过长,一般不超过7天,饲料配好后,要及时应用,以防变质,某些成分失效。

▲保存饲料场所要干燥、凉爽、无鼠害。

所用饲料添加剂和添加剂预混料,必须来源于有生产许可证的企业，有产品批准文号，具有企业、行业和国家标准。进口饲料和饲料添加剂要有产品登记证。使用药物饲料添加剂应严格执行农业部[2001]20 号“关于发布《饲料药物添加剂使用规范》的通知”中颁布的《药物饲料添加剂使用规范》中列出的 13 种药物饲料添加剂（杆菌肽锌预混剂、黄霉素预混剂、维吉尼亚霉素预混剂、喹乙醇预混剂、阿美拉霉素预混剂、盐霉素钠预混剂、硫酸黏杆菌素预混剂、牛至油预混剂、杆菌肽锌硫酸黏杆菌素预混剂、土霉素剂、吉他霉素预混剂、金霉素预混剂、恩拉霉素预混剂）。并严格掌握用法、用量及休药期。

猪饲料中不可直接添加兽药。严禁使用违禁药物，如盐酸克伦特罗、沙丁胺醇、己烯雌酚等。对 45 kg 以上育肥猪和种猪不使用药物添加剂。严禁使用高铜、高铁、高锌、有机砷、喹乙醇及镇静剂。

第六章 繁殖技术

为了促进母猪的正常发情排卵，提高繁殖率，必须熟悉猪的繁殖理论和实用技术，精心组织配种工作，最大限度地提高养猪的综合效益。

第一节 公猪生殖器官及其生理机能

一、公猪的生殖器官

公猪的生殖器官分阴囊、睾丸、附睾、输精管、副性腺、尿生殖道、阴茎和包皮等部分。

(一)阴囊

阴囊有保护睾丸及调节睾丸内温度的作用，睾丸温度一般低于腹腔内温度，如果与腹腔温度相等，则不能产生精子，这就是患隐睾病的公猪无生育能力的原因。一般阴囊内温度低于腹腔内温度 3～4℃。

(二)睾丸

睾丸包藏在阴囊内，为一对卵圆形腺体，其主要功能是产生精子和雄性激素——睾酮，睾酮有维持公猪雄性特征和激发其交配欲的作用。睾丸内生有许多精细管，每个精细管相接可长达 30～70 cm，直径为 0.1～0.2 mm；每个睾丸内总共有 200～600 个精细管，全部精细管拉长可达 200～300 m。精子就是由精细管壁上的种细胞演变而来的，其全部生殖过程，大约需要 40 天时间。

(三)附睾

附睾与睾丸相连,附着于睾丸上方,分为头、体、尾3部分,内有迂回曲折的管道,拉长可达17～18 m。附睾头部生有若干条小管与睾丸相通,尾部末端连接输精管。公猪射精时排出的精子,主要是从附睾尾部来的。精子在附睾内可存活2个多月,所以,附睾是精子贮存管道和成熟的地方。

(四)输精管

输精管是一根细长的膜管和精子由附睾排出的通道,上端和尿生殖道相连,与精液囊的排出管结合形成射精管。猪的射精管短小,交配时把精子排入尿生殖道,再射出体外。

(五)副性腺

副性腺是精液囊,前列腺和尿道球腺的总称。这些腺体直接开口于尿生殖道,其分泌物构成精液的主要液体成分,具有稀释精液,冲洗尿道,激发精子活力等作用。

精液囊位于膀胱附近的尿生殖道,上面的分泌物很多,含有果糖等成分,供给精子营养;前列腺位于膀胱颈之上靠近尿生殖道的起始部,其分泌物具有确保精子成活率的作用;尿道球腺,位于尿生殖道骨盆部的两侧,其分泌物可滑润尿生殖道,以利于精子运行。

(六)尿生殖道

位于骨盆腔内,系公猪的生殖管道,具有排精和排尿的双重作用,从输精管来的精液和各副性腺分泌物均混合于此处。

(七)阴茎

阴茎是种公畜的交配器官,主要由海绵体肌和大量的血管构成。平时包藏于包皮内,交配时阴茎海绵体充满血液,于是阴茎就膨大勃起。猪和牛、羊一样,阴茎根部有“S”状弯曲。

(八)包皮

包皮由柔软的皮肤构成,具有保护阴茎的作用。

二、公猪的生殖生理

(一)精子的生成

睾丸曲精细管中靠近基膜的精原细胞，经过繁殖期、生长期、成熟期等多次分裂为初级精母细胞，初级精母细胞再分裂为次级精母细胞，每一个次级精母细胞再分裂成为两个精母细胞，最后发育成为精子。

(二)精子的生理特点

公猪精子具有独立运动的能力，其形态结构分为头、颈、尾 3 部分，运动主要靠尾部，能使正常精子沿中轴方向作螺旋滚动前进运动。公猪精子的运动速度为每秒钟 50～60 μm，可保证精子迅速游行至输卵管上端与卵子结合受精。因此，精子的活动性是评定精子活力的最重要的标志。

精子的活力受温度、渗透压、光线、酸碱度以及各种其他物理和化学因素的影响。

温度：在 37～38℃时，可保持精子的正常活泼运动，随着温度的上升和下降，精子的活力出现加强与减弱，上升至 54～56℃时的精子即迅速死亡，下降至 5℃时，精子的活动则基本上停止。

渗透压：猪精液的渗透压平均为 0.616，范围在 0.59～0.63，过高或过低都将使精子发生畸形变态而失去受精能力。

酸碱度(pH 值)：最适宜于精子活动的 pH 值为 6.8～7.2，酸性溶液使精子活动受到抑制，而碱性条件则可加强精子的活动性。

光线：阳光、紫外线、α 射线等对精子生命力有显著影响，阳光对精子作瞬间照射，可促使精子活力，而持续一定时间后则杀伤精子。

其他物理和化学因素：震动、化学药品、金属和烟雾等均对精子有危害，在人工授精过程中，应注意避免这些因素的影响。

(三)精液

公猪的精液为不透明的黏稠液体，呈弱碱性反应，有特殊腥味，系由2%～5%的精子，2%的附睾丸分泌物，5%～10%的精液囊分泌物，55%～70%的前列腺分泌物和10%～25%的尿道球腺分泌物所组成。与其他家畜比较，其射精量约为马的4倍，牛的50～80倍，羊的200倍，一次射精所含的总精子数则为马的4倍，牛的5～8倍，羊的10～80倍。

公猪精液的组成成分，除了精子是生殖细胞与卵子结合受精发生和发育成为一个新的生命个体外，其他各种副性腺分泌物均称为精清。而在自然交配情况下，精清的生理作用大致是：稀释和运送精子，激发精子活力，刺激母猪生殖道肌肉收缩，改变母猪阴道部分生理环境而保证精子顺利运行，以及在酶的作用下精清在母猪子宫颈内变为乳白色凝固物，能防止精液倒流出母猪生殖道外，为交配受精创造条件。

三、影响公猪繁殖机能的因素

公畜的生殖活动是本能的，但又受外界条件的影响。

(一)营养状况

低营养水平，常常会使公畜体质衰弱，内分泌系统失调，生殖器官退化，生精作用受到抑制，性欲减退。

高营养水平，在缺乏青饲料和很少运动的情况下，造成过肥症，可显著降低受胎能力。

(二)季节和气候

在家畜和家禽中，繁殖机能的季节性已受到很大削弱。而野生哺乳动物则受到季节影响比较显著，其中光照影响最为显著。

季节对公猪精子产生及精子活力无显著影响，而其性欲以秋季最高，夏季最低。

一般来说，较低的温度可使精液品质高，而较热的气温则使精液品质有所降低，过冷过热的条件可使公畜的生殖机能受到破坏。

(三)采精频率

采精频率过低，造成种公畜的浪费，而采精频率过高，则会降低精液品质。

对青年种公畜的采精频率应加以限制，对未成熟的公畜，不宜过早使其配种。

公猪每周采精 2～3 次是可以的。

(四)环境条件

为了维持公畜的正常性机能，在交配时，应保持其非条件反射依次进行(勃起反射-爬跨反射-抽动反射-射精反射)。当其任何环境遭到破坏，就会造成配种困难，降低公畜的利用价值。

在人工授精工作中，利用条件刺激可以形成稳固的条件反射，进而引起公畜正常的本能反射。例如，固定采精(或配种)的时间、地点、操作人员等，可逐渐形成公畜冲动的条件，这些条件可以引起公畜正常的性反射，从而可以利用假阴道和不发情的母畜，甚至用公畜充当母畜或假台畜，获得正常的射精。

长期不变的环境条件，也可引起公畜的性抑制。这时应加强性刺激强度或改变性刺激方式，以克服这种状态。例如，令公畜观摩其他家畜配种，移动台畜，在采精前有意识地控制公畜，以充分酝酿其性欲；或改变固定采精时间、地点、台畜、操作人员等。

在任何情况下，要避免对公畜可能遭到的伤害性刺激，尤其疼痛刺激最易形成性抑制，因此采精不熟练时，要特别谨慎，要严禁假阴道过烫，要避免采精员兼做采血、注射、投药等不受公畜欢迎的操作。

第二节 母猪生殖器官及其生理机能

一、母猪的生殖器官

母猪生殖器官分为卵巢、输卵管、子宫、阴道、前庭、阴唇及阴核等部分。

(一)卵巢

卵巢分左右两个,位于第 3 至第 5 腰椎两侧下方,附着卵巢韧带而系于子宫角处。表面呈卵圆形,其上有突出的滤泡和黄体形成的结节;上部有一深切痕,称卵巢窝,紧接输卵管,血管由卵巢窝进入。卵巢除了产生雌性细胞——卵子之外,还具有分泌如下激素的功能。

分泌雌性动情素(雌二醇):此种激素具有维持第 2 性征和交配欲,促进子宫黏膜增厚,为受精定植于子宫壁上提供良好条件的作用。

分泌孕激素(孕酮):此种激素是由排卵后在皮质部形成的黄体产生的;具有刺激子宫继续生长,抑制子宫肌肉收缩,促进子宫腺体分泌"子宫乳",造成定植胚胎的良好生长条件和维持妊娠的作用。

分泌松弛素:此种激素具有促进子宫颈、耻骨联合和骨盆韧带松弛,抑制子宫肌肉收缩,从而为胎儿在母体内生长发育创造良好条件的作用。

(二)输卵管

输卵管是连接卵巢和子宫的一条弯曲而呈螺旋状的管子,靠近卵巢的一端呈漏斗或喇叭口状,叫做输卵管伞部。当母猪发情时,伞更加紧密地被覆于卵巢表面,保证排的卵子顺利进入输卵管而向子宫角运动,卵子在输卵管的上 1/3 处,如遇精子便结合受精,进而运动至子宫着床。

(三)子宫

子宫是受精卵着床和胚胎发育为胎儿的地方,位于骨盆腔前,直肠下方和膀胱上方,子宫由内向外分为黏膜层、肌层和浆膜层 3 层。子宫又分为子宫角、子宫体和子宫颈 3 部分,子宫角左右各一,迂回曲折长 50～70 cm,形似小肠因而俗称"花肠",内壁黏膜呈许多扁平卵圆隆凹物，称为子宫叶。子宫体是两子宫角汇合处，呈短圆筒形，子宫颈是阴道通向子宫的门户，发情时开张让精子通过，妊娠后密闭而保护胎儿正常发育。猪没有明显的子宫颈阴道部。

(四)阴道和外阴部

阴道和外阴部都是母猪的交配器官，排泄和胎儿娩出的通道。阴道是指由子宫颈起至尿道口前方(处女膜)的部分，阴道前庭是阴门处女膜间阴道的一段，前庭下壁前端有尿道外口，外阴部包括阴门、阴唇和阴蒂。

二、母猪的生殖生理

(一)性周期

达性成熟后的母猪，其卵巢中便开始规律性地进行着卵泡成熟和排卵过程。在这一过程中，母猪的整个机体，特别是生殖器官周期性地发生一系列的形态和生理变化。从第1次排卵到第2次排卵之间的这一段时间，称为性周期或发情周期。猪的性周期，一般平均为20～21天，母猪年龄变化对其性周期并无明显影响，而季节不同，母猪的发情周期却有一定差异。一般春、夏季发情周期较冬季略短些。

(二)母猪的发情

母猪发情要伴随着发生一系列的生理变化。首先，精神状态发生变化——出现兴奋、敏感、食欲减退和交配欲等；第二，生殖腺发生变化——卵巢中滤泡的形成和排卵；第三，生殖道发生变化——黏膜上皮、外阴道部和分泌物的变化。因此，正常的发情应该出现此3方面变化。

母猪发情的持续时间一般为2～3天(1～4天)，我国地方品种猪与外国猪和初产母猪与经产母猪相比，前者较后者的发情持续期稍长；在同一品种的不同品系也可能有一定的差异。

母猪发情时的表现，一般小母猪初次发情不明显，经产母猪在发情开始阶段的 2 天左右，阴门潮红肿胀，食欲减退，表现不安，躲避公猪追逐，阴道流出透明而稍带白色的黏液，到发情开始 3 天左右的中期，出现闹圈，食欲严重减退或不食，频尿，爬跨其他母猪，主动寻找公猪，按其腰部往往呆立不动；之后延续约 24 小时，发情症状逐渐消失而恢复原状，个别母猪发情时只有阴门红肿，无其他症状表现，应仔细观察。

(三)母猪的排卵

母猪为自发性排卵，排卵一般开始于发情后的 25～36 小时，排卵的持续期为 10～15 小时，或更长一些，品种不同和发情时间的长短，都与排卵时间具有密切的相关关系。国外有人研究，大白猪的平均发情期为 47.6 小时，排卵时间发情开始后的 18～36 小时，每次排完成熟的卵子，所需时间约为 6.5 小时。至于我国地方猪种，究竟何时排卵和排卵持续时间多长，尚需进一步研究。

母猪每次排卵的数目为十几至二十几个，我国猪排卵数目较多。从胎次来讲，第 4～6 胎排卵数最高；在胎次相同时，年龄较大者排卵数目多；左侧卵巢的生殖机能较强，其排卵数约占总排卵数的 55%，高营养水平的母猪排卵数高，以及母猪日粮中缺乏维生素 B_{12} 时，则降低排卵率。

(四)母猪的发情和排卵机制

母猪是长年发情的多周期家畜，其性周期是受中枢神经系统(总指挥部是丘脑下部，而脑垂体前叶是生殖内分泌活动的策源地)控制的。当母猪性成熟时，在内外环境条件的刺激下，性中枢开始兴奋，促使分泌促卵泡素(FSH)，在其与小量促黄体生成素的共同作用下，促使卵泡逐渐成熟，随着卵泡的成熟，雌激素开始分泌，其分泌量逐渐增多，引起生殖道发生变化而呈现发情，大量雌激素的分泌。对中枢神经系统又发生反馈作用，抑制垂体前叶分泌大量的促卵泡激素，促使黄体生成素分泌增加，当此两种激素分泌增加到一定比例时，便可引起排卵从而完成了母猪的发情与排卵过程。

三、母猪的适时配种

适时配种，是做到全配、多怀、多胎、高产的关键措施之一，要做到适时配种，必须弄清母猪的发情排卵规律。卵子在母体内受精能力的持续时间、精子在母猪生殖道内的行进速度和精子在母体生殖道内保持受精能力的时间等 3 方面的因素。据研究证明，精子和卵子在输卵管上 1/3 处结合受精，精子到输卵管受精部位需2～3 小时，精子在母猪生殖道内能存活 10～20 小时，而卵子在输卵管内一般存活 8～12 小时，其保持受精能力的最长时间为 15 小时 左右。据此推算，适宜的配种时间，是在母猪排卵前的 2～3 小时即开始发情后的第 19～30 小时内，幼龄母猪还要延迟些。

为了提高配种准确率，多根据母猪发情征状和发情时间进行配种。一般配种时间是：本地母猪在发情开始后第 2～3 天，外国品种或培育品种在母猪发情后第 2 天，杂种母猪第 2 天下午至第 3 天上午。就年龄来讲，根据农谚“老配早，少配晚，不老不少配中间”的经验，老母猪最好是当天配一次，小母猪发情期较长，多在发情后的第 3 天配种，中年母猪的配种时间最好选择在发情开始的第 2 天。

四、影响发情周期的因素

在正常情况下，发情周期有它一定的发生时间，并且发情的持续时间也是一定的，这种规律受以下因素的影响。

(一)外界因素-发情季节

发情季节是在一年之中的一定时期内，某种家畜出现反复的发情周期，或发情特征比较旺盛和明显。

母畜受季节的影响，是因为在不同的季节内，日光、温度、湿度、食物及其他生活条件均发生变化，这些条件通过家畜的神经系统影响着它们的生殖机能。这些外界条件是彼此联系着对家畜发生作用的，其中以食物、光线、温度影响较大，而食物的作用最大。

(二)内在因素-神经-内分泌的调节

这里只介绍一些主要与生殖机能有关的内分泌腺。它们的作用受着很多因素的影响，因为内分泌腺体之间和它们与神经、整个机体以及外界条件之间，是有密切联系的。

1. 丘脑下部促性腺释放激素-垂体促性腺激素受到丘脑下部的控制　目前已知在丘脑下部至少有 10 种释放和抑制激素，它们都是多肽激素，分别控制垂体各种激素的分泌活动。

促性腺释放激素的生理作用如下：

(1)刺激垂体释放促黄体素和促卵泡素：实验证明，天然和合成的十肽促黄体素释放激素，对人和各种动物(包括猪、牛、羊、鸡、猴、鱼、豚鼠、金黄地鼠等)都有效应。一般在注射 15 分钟后，血液中促黄体素就升至高峰。不论哪种途径给药都有作用，但给药方式不同，所用剂量也不同。例如，对人采取口服、滴鼻和阴道内给药，剂量高，一般为毫克水平，静脉、肌肉和皮下注射所需剂量就低，一般在微克水平和纳克水平。

(2)刺激垂体促黄体素和促卵泡素的合成作用。

(3)刺激排卵：天然和合成“LRH”能刺激某些闭经妇女和各种动物(羊、兔、鸡、水、貂、鱼、金黄地鼠等)排卵。

合成的促性腺释放激素也可诱导羊排卵。在动情期静脉注射 50 μg，虽然血液中促黄体素和促卵泡素可以增加，但不排卵。当给静脉注射 150 μg 或 300 μg 时，则在 2～5 天内排卵，排卵的发生是与促黄体素增加的程度有关。

此外，给鸡静脉注射 5～20 μg 促性腺释放激素，也能促使鸡早熟排卵。在鱼类繁殖季节，用适当剂量的合成的促黄体素释放激素，即可获得排卵，并孵化成苗，同样在水貂上试用也有同样效果。

(4)促使精子形成:例如,给无精子病人注射促性腺释放激素6个月,也可使精子数量增加。

在临床上,用促性腺释放激素治疗不育症有一定效果。

总之,丘脑下部促性腺释放激素的特点是:具有高活性,较易大量合成,种间差异较小,分子小,不致在体内产生抗体而使它疗效递减,它能使体内自体调节,可避免副作用。因此,它在医学临床和动物繁殖方面的应用,将具有新的广泛的前景,如果一旦找到它的拮抗物,那么在节育方面的研究也将开辟一新途径。随着对丘脑下部促黄体素释放激素的作用原理、结构与功能等方面的深入研究,必将有利于阐明复杂的生理过程的内在规律,以利于更有效地控制生殖和促进动物的繁殖。

2.脑下垂体　对生殖机能影响很大。

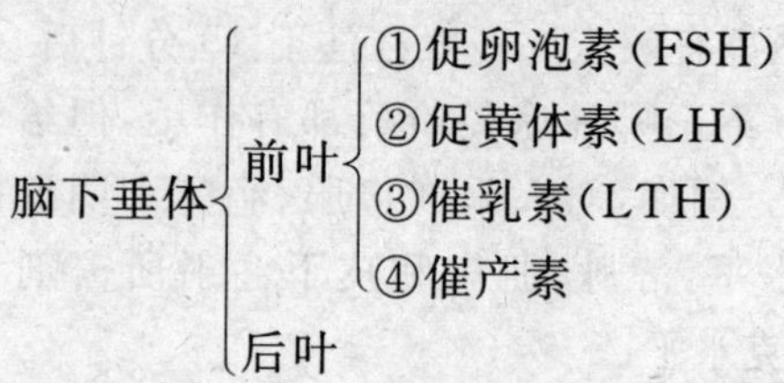

(1)促卵泡素:刺激卵泡的生长和发育,自然排卵的家畜,在促黄体素协助下造成卵泡的排卵。

(2)促黄体素:和促卵泡素共同作用使成熟的卵泡排卵,刺激破裂的卵泡生成黄体。

(3)催乳素:在怀孕期间维持黄体分泌孕激素,临近分娩或分娩后,使发育完成的乳腺开始泌乳,并且维持泌乳,分娩后引起母畜的母性。

(4)催产素:在分娩时刺激子宫平滑肌的收缩,在挤乳时反射地刺激乳腺的分泌。

3.卵巢　卵巢除可产生卵子外,还是一个内分泌腺体,它可产生雌激素和孕激素。

(1)雌激素:雌激素的化学结构都属于类固醇,主要的有雌二醇、雌酮和雌三醇等。雌二醇是由卵巢的卵泡液中提取的,效力最强,一般认为它是天然的雌激素,而雌酮和雌三醇则是由尿中提出的,可能是雌二醇的代谢产物,在胎盘甚至在雄性的睾丸和尿中,也都有雌激素的存在。

雌激素主要是刺激生殖器官(特别是子宫和阴道)和乳腺的生长,成年家畜的副性器官的发育成熟及第二性征的出现,都是由于雌激素的刺激所致。此外,在发情周期中,子宫内膜和阴道的增长和变化,都反映着雌激素的影响,雌激素促进乳腺内导管的生长。

(2)孕激素:孕激素主要是由卵巢中的黄体细胞产生,但也可由孕畜的胎盘(如马等)和尿中提取。孕激素也是一种类固醇,它的主要功用如下:

在雌激素作用的基础上,进一步促进子宫内膜增生和其中腺体的增长,以便可能即将发生的受精卵的增殖于子宫壁做好准备。也发生在妊娠开始后,子宫内膜发展更甚,还要形成蝇膜,这些都需要孕激素的刺激。

降低子宫肌肉的兴奋性,保证子宫的安宁,降低子宫对于催产素的反应。

抑制排卵,这项作用是由于孕激素能抑制垂体的促性腺激素的分泌所致,能阻止妊娠时期有受孕的机会。

在雌激素作用的基础上,刺激乳腺腺泡的生长,使乳腺达到完全发育,准备分泌乳汁。

4.胎盘　胎盘是有胎盘动物保证胚胎从母体获得营养的器官,同时也是临时性的内分泌器官。

在妊娠前半期切除垂体可使所有胎盘动物流产,因为这时垂体前叶是促性腺激素的唯一来源,而促性腺激素又是使妊娠动物体内的黄体维持正常活动所必需的物质。妊娠后期切除垂体可以使犬和兔流产，但猫、大白鼠、小白鼠和豚鼠则不流产，切除猴的垂体也流产，同时在妊娠早期把卵巢和黄体一起切除也会使所有动物流产。但是妊娠晚期切除卵巢和黄体除引起一部分动物（牛、山羊、犬、兔、鼠等）流产外，另一些动物（马、猴、猫、猪等）并不发生流产。由此可见，某些动物在妊娠期间，除掉由卵巢中的黄体产生孕激素外，胎盘在妊娠晚期也能分泌大量孕激素，所以在切除黄体后能完全代替黄体的内分泌。

母马和人类的胎盘还能生成促性腺激素。孕妇尿中排泄的绒毛膜促性腺激素，在妊娠后约 50 天到达顶点，随即迅速下降，到约 70 天降到很低水平，以后一直维持在这个低水平，变化很少。

由孕妇尿中取得的制剂，就是由胎盘绒毛膜所分泌的促性腺激素，简称 HCG，但是这种激素与垂体分泌的促性腺素还是有区别的。

妊娠 30～150 天的孕马血清（PHS）中也含有促性腺激素，以 45～90 天含量最高。这种激素是在妊娠母马的子宫内膜中形成的，孕马血清和人类绒毛膜促性腺激素比较，它的作用更接近于垂体的促性腺激素。由于孕马血清中含有由胎盘制造的大量促性腺激素，所以它能促进动物的成熟滤泡数目及排卵数目增多，在畜牧业实践中被用作催情物质和促使排卵的物质。

妊娠母马的血清促性腺激素（PMSG）在妊娠的早期就大量出现于母马的血液中，但尿中的含量则很低，在小型马的血液中，时常发现每毫升含 200 IU，在尿中每毫升含 0.2 IU。

五、猪的同期发情

（一）周期性发情

母猪的同期发情——首先使用抑制发情的药物，然后同时停药，或者同时使用前列腺素溶解黄体，中断黄体期。

以孕激素处理猪，常发生卵泡囊肿，故不宜应用，但也有一些成功的报道。发情抑制剂——米他布尔；米他布尔是肼(联氨)的一种衍生物。青年母猪每日每头口服 100～125 mg，成年母猪 150～200 mg，每日 1 次或分 2 次投给，持续 20 天，停药后第 1 天注射 PMSG 750～1 500 IU，或经 3～4 天再肌肉注射 HCG 500 IU。在注射 HCG 后经 1 天定时人工授精或根据试情进行授精。

(二)哺乳母猪的同期发情

(1)仔猪同期断奶诱发同期发情：在哺乳的第 4～6 周同期断奶，效果较好。如能在断奶当天肌肉注射(皮下 PMSG 1 000～2 000 IU，或 3～4 天后再肌肉注射 HCG 500 IU)大多数母猪将于断奶后的 3～5 天内发情。在注射 HCG 之后的第 1 天可进行人工授精。

(2)在断奶前数日开始每天饲喂米他布尔 100～200 mg，持续数日，断奶当天或断奶后停药，如此引起同期发情也有良好的作用，如在饲喂米他布尔最后 1 天再注射 PMSG 或再加注射 HCG，效果更好。

(3)在哺乳期的第 18～25 天，注射 PMSG 1 500～2 000 IU，并不断奶，并可再引起 60%～90%的母猪在注射后 4～5 天同时发情。

(三)乏情母猪的同期发情

对于长期不发情的成年母猪或超过月龄仍未发情的青年母猪，可用促性腺激素处理之，用药量可酌加。如首先用前列腺素消除持久黄体，再结合应用促性腺激素更为理想。

(四)氯地酚的应用

氯地酚(Clomiphene)也叫可罗米酚，是一种合成制剂，可用其代替 PMSG。

使用时，可先用少量酒精溶解，然后加入注射用水或生理盐水，使含量达到每毫升中 20 mg，每次注射 30～40 mg。

此药尚需进一步试验，以确定适宜的方法。

第三节 种猪利用

一、猪的性成熟

猪只有达到性成熟后才具备生殖能力，性成熟的表现是生殖器官达到完善发育的程度，性腺中开始形成成熟的精子和卵子，产生性激素，表现各种性反射；猪个体能够互相交配和受精，能够完成妊娠和胚胎发育过程。由于受品种、气候、饲养管理条件和其他因素的影响，猪达到性成熟的年龄是不同的，一般早熟品种，优良饲养管理条件，炎热气候等因素，都可促使性成熟提早出现。

二、猪的初配年龄

(一)小公猪的初配年龄

本地猪种应不小于 8～10 月龄，体重达 50 kg 以上；国内外的培育品种应为 10～12 月龄，体重达 80 kg 以上，占成年体重的 40％～50％，过早配种会影响小公猪的生长发育和使用年限；过晚配种使用，会经常爬跨其他小公猪，甚至造成“自淫”，失掉种用价值。

(二)小母猪的初配年龄

我国地方猪种小母猪一般 6～7 月龄，体重达到 40 kg 以上，可参加配种；国内外培育品种的小母猪，开始配种年龄为 8～10 月龄，体重不少于 75～90 kg，占成年体重的 35％～45％，过早配种影响小母猪生长发育和产仔质量，过晚配种，不仅造成经济损失，而且由于生殖器官未能及时受到锻炼，造成繁殖性能降低。

三、种猪的合理利用

(一)种公猪的合理利用

刚开始配种的青年公猪，其作用强度以每隔 2～3 天配种 1 次为宜，并将配种日期排列均匀。2～5岁的壮年公猪，其利用强度以每天1～2次为宜，若每天配种2次，应安排早晚各配种1次，在连续配种的情况下，每周至少应该休息1天，在不得已的情况下，亦可每天配种3次，分别在早、中、晚3个时间进行，但第2天必须休息。5岁以上的老公猪，一般是每隔1～2天配种1次。

另外，种公猪不能在饱腹状态下配种，公猪配种后2小时内不能下水、淋浴，否则，由于公猪正处于高度兴奋状态，体温与水温相差悬殊，生理受到剧烈刺激而导致发生病理变化，造成公猪暴死的生产事故是有的，在正常情况下，公猪的种用年限5～7年或更长。2～4岁为生殖机能最旺盛时期。

(二)种母猪的合理利用

一般情况下，结合母猪的繁殖生理特点，一年可配种繁殖2胎，甚至可两年繁殖5胎，这就是最高的利用强度了。但是随着养猪科学的发展，仔猪早期断奶和人工哺育仔猪的成功，近几年来，国外已在生产上做到了1年接近3胎，使母猪变为生产仔猪的活机器，为工厂化养猪服务，给合理利用种母猪赋予了新的意义。在此，应该强调指出，每年繁殖2.5胎甚至1年3胎强度利用种母猪，并不等于不合理，关键在于对种母猪加强照顾和实行科学饲养管理，如能做到这些，则种母猪终生繁殖10～12胎仔猪是没有问题的。工厂化养猪实行限位饲养，活动量少，提早淘汰，利用2～4岁最佳配种年龄，是可取的。

第四节　猪的配种

提高猪的生产性能，首先是实现多胎高产，而配种又是实现多胎高产的第一关。搞好配种工作，一方面要提高公猪精液的数量和质量；另一方面又要促使母猪发情和排出大量健壮的卵子，采用先进配种技术，做到适时配种。

一、配种方式

配种方式有单次配种、重复配种、双重配种和多次配种等 4 种配种方式，各有其特点，各猪场可根据本场的具体条件，结合猪场的经营性质，有选择地采取不同的配种方式。

(一)单次配种

母猪在 1 个发情期内，只选用 1 头公猪使之与发情母猪交配 1 次。只要掌握好适时配种，也能获得较高的配种受胎率。

(二)重复配种

母猪 1 个发情期内，先后用同 1 头公猪配种两次；即第 1 次发情交配后，间隔 8～12 小时再交配 1 次。此方法可以使不同时间排出的卵子增加受精机会，提高母猪的产仔率。

(三)双重配种

母猪在发情期内，用不同品种或相同品种的 2 头公猪，先后间隔 5～10 分钟各配种 1 次，叫做双重配种。据试验证明，双重配种与单次配种相比，可提高受胎率 27%，产仔数增加 3.4 头，初生重增加 0.17 kg 和哺育率提高 0.9 头。

(四)多次配种

母猪在 1 个发情期内，连续配种多次，可提高受胎率与产仔率。根据在昌潍种猪场 445 胎次统计，从配种 1～3 次，产仔率随配种次数增多而提高，配种超过 3 次则产仔率反而下降，配种 3 次较配种 1 次提高产仔率 16.7%，配种 6 次较配种 3 次降低产仔率达 26%。因此，多次配种是可以提高产仔率的，但不应超过 3 次，具体做法是第 1 次配种在发情开始后 12 小时，第 2 次为 24 小时，第 3 次为 36 小时。

二、配种方法

工厂化养猪实行人工授精与本交相结合。

(一)人工辅助交配

正确实施本交,应该选择地势平坦的公猪栏内进行,并应加以人工辅助。

如当公猪爬跨母猪后,将母猪尾巴拉向一侧,让公猪顺利交配成功。一般经过 5～20 分钟,发现公猪肛门有规律性地收缩,表明公猪已交配射精,待射精完毕,应将公猪赶开,让其自由活动 15 分钟后,赶回猪舍休息,1 小时后方可饲喂。

(二)人工授精

目前猪的人工授精,在广西、江苏等省市都已大面积采用,并取得可喜的成果,在山东省的招远县等县区也已较普遍地开展了猪的人工授精工作,由于人工授精可以提高良种公猪利用率达 10 倍以上,避免疾病传播,便于进行杂交改良等优点,在山东省未来的养猪业中必须大力提倡。猪的人工授精包括采精、精液检查、精液稀释、保存和输精等方面的工作。

1.采精　采精主要包括采精前准备工作和采精方法两部分。

(1)采精前的准备工作

用具的准备:采精使用的器械和用品,必须按常规进行严格消毒,凡是用酒精消毒的器械,须待酒精挥发完毕之后方可使用。煮沸消毒的用具,既要擦干水分,又要用 1% 氯化钠溶液冲洗,这是必须严格遵守的操作规程。

采精台的准备:采精台可用木材制作,也可用砖石垒砌,重要的是在台猪背上铺覆柔软填充物和麻袋。

公猪的准备:训练公猪爬跨假台猪的方法有多种多样,而且都有较好的效果。但根据我们的体会,最简单易行和 1 次便可以采精成功的方法是:事先将假台猪搬走或隐蔽好,赶 1 头进入发情高潮的母猪到假台猪近侧,赶公猪来让其自然交配,一旦公猪交配成功而尚未射精,立即将公猪赶下并赶走,把发情母猪赶回原圈,抓紧把假台猪准备好,然后放回公猪到假台猪处,此时公猪往往不辨真假地爬跨假台猪，于是采精成功，只要有1头公猪在假台猪上采精成功后，其他公猪闻到假台猪上遗留的特殊气味，一般都不拒绝爬跨假台猪。几年来，我们在各种养猪场用此方法，训练公猪没有失败过。

(2)采精方法：目前应用的采精方法，有假阴道和掌握采精等多种方法，在此只介绍“胶管”采精法。它是既有掌握又有假阴道内胎作用的综合方法，比较适合采精卫生的要求，具体方法是将羊用假阴道内胎一分为二，或取相应的一段自行车内胎，在一端套上一个内口直径3.5～4 cm的环(用塑料奶瓶盖、塑料杯底、竹料、铁料均可制作)另一端套在集精瓶上，采精者一手握住此种采精器套在爬跨假台猪的公猪阴茎上，待公猪阴茎抽动几次后，用手紧握公猪阴茎(以不使公猪有痛感为限)施以有节奏地收缩压力，随后公猪便可射精。

2.精液检查

(1)射精量：公猪的射精量受品种、年龄、气候、采精间隔时间和饲养水平的影响很大。一般猪一次射精为150～300 mL，最高可达800～1 000 mL。

(2)颜色和气味：正常精液呈乳白色或灰白色，有较浓的腥味；而呈现红色、绿色(混有脓血)和臭味的精液不能输精。

(3)精子活力：活力是评定精液质量的主要指标之一。检查时应在37～38℃的温度条件下，显微镜放大200～400倍进行检查。精子活动的方式有直线前进、旋转、原地摆动3种，评定等级以直线前进运动的精子占总精子数的百分比为准，如在一个视野中10个精子有9个沿直线运动，则其活力为0.9，表示90%的精子沿直线前进运动。采出的新鲜精液，活力应在0.8以上，用于输精的精子活力应不低于0.4。

(4)精子密度：有两种检查方法，即评定等级与计算法，在此只介绍评定等级法。做法是结合检查精子活力同时进行，凡精子所占面积大于空隙面积者称为“密”，凡精子间的空隙可容纳1～2个精子者称为“中”，凡精子间彼此距离很大，视野中精子很少者称为“稀”（图6-1）。

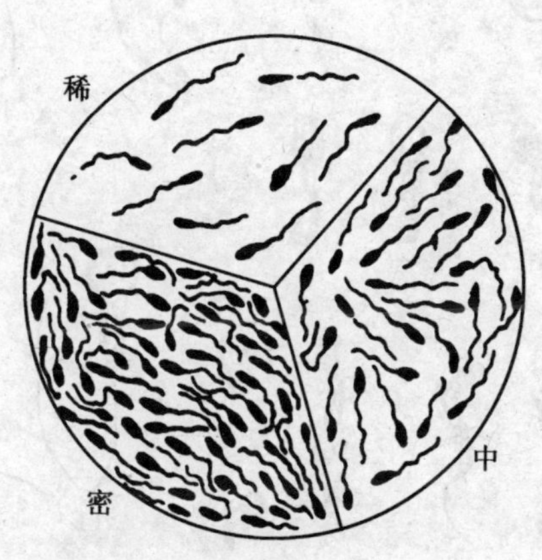

图6-1　精子密度示意图

（5）畸形精子的检查（图6-2）：形态结构不正常的畸形精子不能超过10%～12%，否则影响受胎率。检查受胎精子的方法是取原精液一滴涂片，干燥1～2分钟，用95%酒精固定2～3分钟，经冲洗，干燥片刻，用红、蓝墨水或美蓝、沙黄染色3～4分钟再冲洗干燥后检查，通常随机数500个精子，用下列公式计算百分率：

$$畸形精子百分率=\frac{畸形精子总数}{500}\times 100\%$$

3. 精液的稀释和保存

（1）稀释液的种类很多，在此只介绍两种配制容易而效果较好的稀释液。

①葡萄糖-柠檬酸钠稀释液：配方是水100 mL，葡萄糖5 g，柠檬酸钠0.5 g，磺胺粉或磺胺噻唑粉0.3 g，此液在4～20℃条件下

可保存72～96小时。

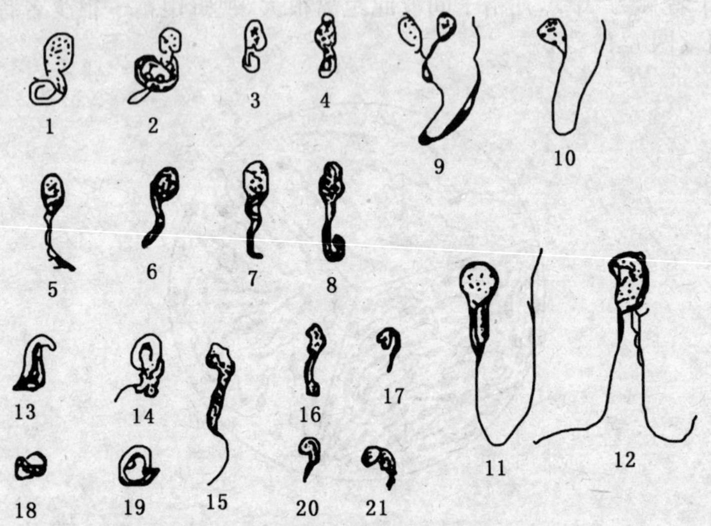

图6-2 公畜的畸形精子

1～8.尾部畸形 9～10.双头精子 11、12.双尾精子 13～21.其他畸形精子

②葡萄糖-氯化钠-卵黄稀释液：配方是葡萄糖3 g，氯化钠0.45 g，卵黄10 mL，蒸馏水100 mL。此液在12～22℃条件下，精子能保存0.6的活力达86小时。

(2)稀释液的制备：成批配制一次，可用1～4周，准确称量好葡萄糖等药品，溶解于水，装入带橡皮塞的玻璃瓶中，插上针头，隔水煮沸15～20分钟，取出降温，去针头用蜡或橡皮膏封闭针孔即成。

(3)精液稀释方法：采精后滤去副性腺分泌的块状物，用与精液等温的稀释液，沿管壁缓缓倒入滤好的精液中，并根据精子的活力和密度决定稀释倍数，一般稀释1～4倍，稀释后应立即进行输精。

(4)精液的保存：猪精液的保存有常温和冷冻(从略)两种方法，常温保存猪精液的适宜温度为10～20℃(可保存2～3天)，低于5℃和高于20℃都会缩短保存时间。保存猪精液的要点是要求恒温，因此，适宜的保存条件是放入广口瓶内，井下水内或距离地面15 m深洞内。

4. 输精　掌握适宜的输精时间，可提高采精率和产仔率。

(1)输精器械：常用的是一根橡皮输精管和35～50 mL的注射器。但当前各地都有很多创造，如上海常用的自流式输精器(图6-3)也是较好的一种。

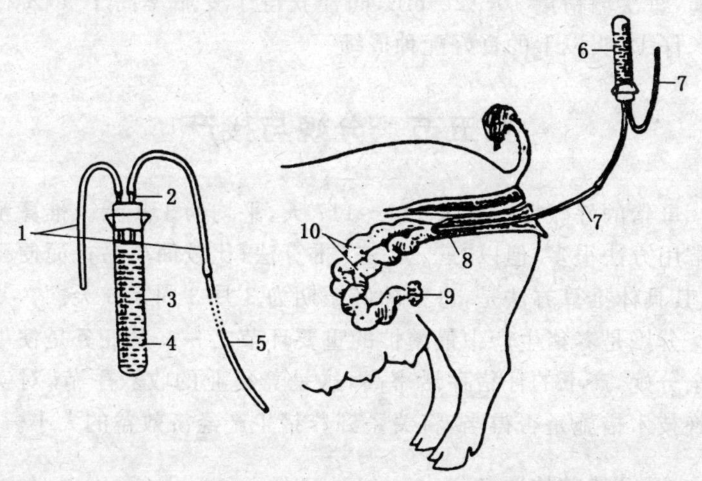

图6-3　输精示意图

1. 胶管　2. 玻璃管　3. 试管(也可用瓶)　4. 精液　5. 胶输精管　6. 自流式输精器　7. 胶输精管　8. 子宫颈　9. 卵巢　10. 子宫角

(2)输精操作程序：事先除消毒器械，检查精子活力外，还要用0.1%的高锰酸钾溶液消毒外阴部，然后用消毒过的纱布或棉球擦拭，输精时一手持分装好精液的输精器，另一手将输精管沿向斜上方角度插入母猪阴道 15 cm 左右，继而视母猪大小沿平直方向慢慢插入深度达 20～35 cm，直至插不动为止，然后稍微向后活动一下输精管，慢慢将精液输入子宫颈口或子宫体。为防止精液倒流，再慢慢拉出输精管的同时，按压几下母猪腰背，避免母猪弓腰(图 6-3)，但最好是像输液一样，使精液按生殖道的蠕动，自动地缓缓输入子宫内。

至于输精数量，国外一般主张不少于 50 mL 稀释精液，所含精子数，日本认为应不少于 50 亿，美国认为应不少于 20 亿，也有主张 40 亿的。我国采用浓度大的优良品质精液和掌握适当输精时间，每次输精量 10～20 mL，同样获得了受胎率高于 90%和每胎产仔 12 头以上的良好配种成绩。

第五节　分娩与接产

母猪的妊娠期一般为 111～117 天，平均为 114 天。推算预产期常用方法很多，但以“三、三、三”推算法，比较简单易行而便于记忆，其具体推算方法是，母猪的妊娠期为 3 月 3 周零 3 天。

分娩是养猪生产中最繁忙的重要环节之一。其任务是使母猪安全分娩，产下的仔猪存活率高，这是养猪业的收获季节，对实施分娩技术措施是否得当，将关系到养猪生产经济效益的大小。

一、分娩前的准备

根据母猪的预产期推算，在母猪产前 5～10 天，就应准备好产房。产房要求干燥(相对湿度最好保持在 65%～75%)，保温(产房内温度为 22～23℃)，阳光充足，空气新鲜，如果产房的湿度过大，可用石灰和炉灰(1∶3)或锯屑铺在圈内。在寒冷地区，冬季和早春要修补墙缝、堵塞漏洞，做好防风保暖工作。产房可利用 3%～5%的石炭酸或 2%～5%来苏儿、3%的烧碱水进行消毒，圈墙可用20%的生石灰溶液粉刷，为了使母猪习惯于新的环境，应提前3～5天赶入产房。另外还要准备充足的垫草和分娩用具，如灯、仔猪箱、火炉、接产用具、药品、耳号钳及称仔猪用的秤等。

猪体的消毒，特别是腹、乳房及阴户附近的污泥应加清除，然后用2%～5%的来苏儿溶液进行消毒，消毒后清洗擦干。

二、分娩过程的阶段划分

分娩可分为准备阶段、排出胎儿、排出胎盘及子宫复原4个阶段。

第1阶段：准备阶段。

在准备阶段以前，子宫相当安稳，可利用的能量储备达到最高水平。临近分娩结束时，肌肉的伸缩性蛋白质即肌动球蛋白，也开始增加数量和改进质量，因此，使子宫能够提供排出胎儿所必需的能量和蛋白质。

准备阶段以子宫颈的扩张和子宫纵肌及环肌的节律性收缩为特征。排出运动方向朝着子宫颈进行，由于这些收缩的开始，迫使胎液和胎膜推向已松弛的子宫颈，促使了子宫颈扩张。在准备阶段初期，以每15分钟左右周期性地发生收缩，每次持续约20秒；随着时间的推移，收缩频率、强度和持续时间增加，一直到最后以每隔几分钟重复地收缩，这时，任何一种异常的刺激都会造成分娩的抑制收缩，从而延缓或阻碍分娩。

间歇性的收缩并非在整个子宫均匀地进行，而是由蠕动和分节收缩组成。多胎动物，收缩开始于子宫颈的胎儿紧前方，子宫的其余部分保持静止状态，这时子宫收缩是由于外来的自主神经反射机制和平滑肌特有的自动收缩所致。神经反射可因胎儿的活动而增进，而内在的机制则受激素特别是催产素的促进。

在这阶段结束时，由于子宫颈扩张而使子宫和阴道成为一个相连续的管道，从而促使胎儿和尿囊绒毛膜被迫排入骨盆入口，尿囊绒毛膜就在此处破裂,尿囊液就顺着阴道流出阴门外。

第 2 阶段:排出胎儿。

膨大的羊膜同胎儿头和四肢部分被迫进入骨盆入口,这时,引起膈和腹面肌的反射性及随意性收缩。在羊膜里的胎儿即通过阴门,总之,胎儿随同一个或两个胎液囊的破裂经子宫而进入阴道,由此所引起反射性收缩而迫使胎儿通过产道。猪的胎盘与子宫的结合是属弥散性,在准备阶段开始后不久,大部分胎盘与子宫的联系就被破坏而脱离,如果在排出胎儿阶段,胎盘与子宫的联系仍然不能很快脱离,胎儿就会窒息闷死。

母猪分娩前 3 天,肌肉注射律胎素 2 mL,可达到预产期生产效果。律胎素为前列腺素制剂。

第 3 阶段:排出胎盘。

胎盘的排出与子宫收缩有关。由于子宫角顶部开始的蠕动性收缩引起尿囊绒毛膜的内翻,有助于胎盘的排出。母猪每个胎膜都附着于胎儿,在出生时有的胎膜完全包住胎儿,如果不及时将它撕裂,胎儿就会窒息闷死。

一般正常的分娩间歇时间为 5～25 分钟产出一头子猪,分娩持续时间为 1～4 小时,在仔猪全部产出后隔 10～30 分钟胎盘便排出。

第 4 阶段:子宫复原。

胎盘排出后,子宫恢复到正常未妊娠时的大小,这个过程称为子宫复原。产后的几周内,子宫的收缩比正常更为频繁,在第 1 天内大约 3 分钟 1 次收缩,在以后 3～4 天期间子宫收缩逐渐减少到每 10～12 分钟 1 次,这些收缩的作用是收缩已延伸的子宫肌细胞,大致在 45 天以后,子宫恢复到正常大小,而且替换子宫上皮。

关于子宫复原的过程,与黏膜多糖的酶分解作用有关,而且细胞内的细胞质在迅速的萎缩,在复原的末期肌细胞的核聚集得很靠近。就细胞核到细胞质的这种变化来看,说明核酸的重新分配是与子宫复原相伴随的。

子宫颈的回缩比子宫慢，到第3周末才完成复原。子宫的组成部分并非都恢复到妊娠前的大小。未孕的子宫角几乎完全回缩，而孕后的子宫角和子宫颈即使在完全复原以后，仍比原来要大（表6-1）。

表6-1 猪分娩各阶段所需时间(小时)

猪	准备阶段	胎儿排出阶段	胎盘排出阶段	分娩结束	子宫复原（小时）
范围	2～12	1～4	1～4	每仔/小时	10
过之则麻烦	6～12	6～12	—		

三、分娩的发动

曾有人提出，分娩是由于机械的、激素的、神经的和免疫学的机制，即当胎儿在子宫内增大时，它使子宫肌伸展（即膨大），并刺激子宫和子宫颈感觉神经，通过传入神经系统刺激下丘脑的视上核和旁室核合成催产素，并于垂体后叶释放催产素分泌的增加和已增高水平的雌激素协同作用于子宫，促使子宫肌增加兴奋性，而孕酮由于受雌激素的抑制其水平下降，这就解除了肌肉收缩的抑制作用，由于子宫颈和阴道的扩张，加之分娩期间子宫肌的收缩，于是就排出胎儿。

四、接产

(一)临产症状

(1)腹部膨大下垂，乳房膨大有光泽，两侧乳头外张，用手挤压有乳汁排出，一般初乳在分娩前数小时或一昼夜就开始分泌，个别产后才分泌。

(2)阴部松弛红肿，尾部两侧下凹（骨盆开张），行动不安，衔草做窝，这种现象一般6～12小时后就要分娩。

(3)频频排尿、起卧不安、开始阵痛、阴部流出黏液，这就是即将产仔的征兆。

归纳起来为：行动不安、起卧不安、食欲减退、衔草做窝、乳房膨胀、具有光泽、挤出奶水、频频排尿，表现了这些症状时一定要有人看管，做好接产准备工作。

(二)接产技术

安静的环境对正常的分娩是重要的。一般母猪分娩多在夜间，在整个接产过程要求保持安静，动作迅速和准确。

(1)仔猪产出后，接产人员应立即用手将口、鼻的黏液掏除并擦净再用抹布将全身黏液擦净。

(2)断脐：先将脐带内的血液向仔猪腹部方向挤压然后在离腹部 4 cm 处把脐带用手指捋断或剪断，断处用碘酒消毒，若断脐时流血过多，可用手指捏住断头，直到不出血为止。

(3)假死猪的抢救：有的仔猪产下停止呼吸，但心脏仍在跳动，这叫“假死”。急救办法以人工呼吸为最简单，可将仔猪的四肢朝上，一手托着肩部，另一手托着臀部，然后一屈一伸反复进行，直到仔猪叫出声后为止。其他也可采用在鼻部涂酒精等刺激物或针刺的方法来急救。

(4)难产处理：母猪长时间剧烈阵痛，但仔猪仍产不出，这时若母猪发生呼吸困难，心跳加快，应实行人工助产。一般可用人用的合成催产素注射，用量按每 50 kg 体重 1 支(1 mL)，注射后 20～30 分钟即可产出仔猪。如注射催产素仍无效，可用手术掏出，在进行手术时，应剪磨指甲、用肥皂、来苏儿洗净，消毒手臂，涂润滑剂，乘着母猪努责歇时慢慢伸入产道，伸入时手心朝上，摸到仔猪后随母猪努责慢慢将仔猪拉出，掏头一头仔猪后，如果转为正常分娩，不要继续掏。手术后，母猪应注射抗生素或其他抗炎药物。

五、母猪白天产仔的调控

由上海市计划生育研究所研制的氯前列烯醇诱发母猪同期发情效果较好。北京南郊农场对妊娠112～113天的母猪在早晨7～8时开始注射氯前列烯醇,可使75%的母猪在次日白天分娩。

东莞市横沥猪场的试验结果如表6-2所示。

表6-2 氯前列烯醇对母猪分娩启动时间和产仔持续时间的影响

分组	母猪头数	注射到产仔启动时间(小时)	产仔持续时间(小时)
试验组(1992年)	38	27.10±5.56**	1.19±1.85**
试验组(1993年)	18	26.19±2.89**	2.09±0.84**
对照组(1992年)	40	76.51±32.82[a]	4.42±2.60

注:a表示没有注射药物,通过预产期算出。**差异极显著($P<0.01$)。

表6-2显示,经氯前列烯醇处理的试验组母猪,从注射到开始产仔的平均间隔与对照组的相比存在极显著差异($P<0.01$),平均产仔持续时间,试验组极显著地短于对照组($P<0.01$)。试验母猪,不仅显著提高了分娩启动时间,并缩短了分娩持续时间,同时也大大缩小了时间上的变异范围,使处理母猪开始产仔的时间和分娩的过程趋于同期化,对产仔数和死胎数没有影响。

又据刘延年报道:在产前头1天(113天)上午8～10时,给每头母猪颈部肌肉注射氯前列烯醇注射液1～2 mL,可使98.2%的母猪在次日白天分娩,有效率达100%,母猪白天分娩率达98.2%,仔猪成活率由试验前的94%提高到98%。

第六节 哺乳

哺乳是研究猪繁殖技术的最后一个环节,同样也是繁殖技术的一个重要组成部分。仔猪生后 20 天内的主要营养物质是母乳，只有母猪能够分泌充足的乳汁，才能保证仔猪成活率高而头头健壮。提高母猪泌乳力的科学依据，主要是掌握母猪的泌乳机制和弄清影响母猪泌乳的因素。

一、母猪的泌乳机制和规律

(一)泌乳机制

1. 泌乳的发动　乳腺分泌细胞的机能是分泌乳汁，大量乳汁只有在小叶-腺泡系统发育后才能分泌。腺泡上皮的分泌活动开始于妊娠中期，至分娩前 20 天分泌物逐渐增加，由于感觉和运动冲动可作为发动泌乳的因素，但神经纤维仅分布于乳腺的间质和血管，并不终止分泌上皮，乳腺的正常神经联系对发动泌乳并非必要，由哺乳或挤乳所发生的刺激对于发动泌乳并非必要。内分泌系统参与发动泌乳，生乳素对多数哺乳动物，都能诱发泌乳，妊娠后半期使乳腺生长的刺激越来越弱，而使分泌的刺激越来越强。

2. 泌乳的维持　分娩后，乳的生产迅速增加，神经系统对维持泌乳起着重要作用，哺乳和挤乳的刺激引起释放生乳素、促肾上腺皮质激素及排乳激素-催产素和加压素。运动神经系统冲动沿腹部沟传至乳房和乳头的血管系统，显著的使乳头和血管收缩，由此而影响的合成和放出。垂体前叶为分泌乳所必需，生乳素和肾上腺皮质激素为泌乳所必需，生乳素直接作用于腺泡上皮。

3. 排乳　在放乳过程中，神经和内分泌系统均参与作用。各种刺激所产生的感觉冲动沿分散的传入途径直接到达下丘脑，再由下丘脑转而循神经纤维到达垂体后叶，引起催产素和加压素的释放。这两种激素经血液送至乳房，刺激肌上皮细胞收缩，以增加乳内压，迫使乳汁由腺泡及终末导管进入大导管，而为幼畜所用。

(二)泌乳规律

1. 母猪乳腺结构　每个乳头有 2～3 个乳腺团，各乳头间互相没有联系，母猪的乳房没有乳池，不能随时排乳，仔猪也就不可能在任何时间吃到母乳。

2. 母猪的泌乳量　全部泌乳量的变化，一般在分娩后处于增加趋势，至仔猪 21 日龄左右达到高峰，后渐下降(表 6-3)。

表 6-3　哺乳母猪产乳量的比较　%

项目	哺乳期						
	第 1 旬	第 2 旬	第 3 旬	第 4 旬	第 5 旬	第 6 旬	第 7 旬
哺乳母猪各旬产奶量	15.0	20.0	21.0	17.5	13.0	10.0	3.5
哺乳母猪每昼夜产奶量	4.0	4.5	6.0	5.5	4.5	4.0	2.3

3. 猪乳成分　猪乳可分为初乳与常乳。分娩后 3 天内的乳为初乳，以后的为常乳。初乳中所含干物质蛋白质、矿物质、多种维生素等营养物质，均较常乳为高；而只有乳脂、乳糖和少数维生素等营养物质，含量不如常乳高(表 6-4)。

表 6-4　母猪初乳及常乳营养成分

营养成分	初乳	常乳
干物质(%)	25.67	19.89
脂肪(%)	4.43	8.25
蛋白质(%)	17.77	5.79
乳糖(%)	3.46	4.81
灰分(%)	0.63	0.94
钙(%)	0.053	0.25
磷(%)	0.082	0.116

续表 6-4

营养成分	初乳	常乳
铁(μg/100 mL)	265	179
铜(μg/100 mL)	—	20～134
维生素 A(IU/g)	71.1	11.0
维生素 D(IU/g)	—	0.55
维生素 C(mg/100 mL)	30.06	13.0
维生素 B_1(μg/100 mL)	96.8	67.7
维生素 B_2(μg/100 mL)	135.0	137.0
尼克酸(μg/100 mL)	165.0	836.0
遍多酸(μg/100 mL)	130.0	427.0
吡醇素(μg/100 mL)	2.5	20.0
生物素(μg/100 mL)	5.3	1.4
维生素 B_{12}(μg/100 mL)	0.15	0.17

4.不同乳头的泌乳量　同一头母猪不同乳头的泌乳量是不同的，一般认为前面的几对乳头比后面的乳头泌乳量要多。

5.泌乳次数　不同泌乳阶段或同一阶段昼夜泌乳次数是不同的，前期的次数多于后期，夜间多于白天。

二、泌乳量的估计及影响因素

（一）泌乳量的估计

母猪的泌乳量是指哺乳母猪在一个哺乳期内的泌乳量，常以泌乳力的高低表示。到目前为止，还难以准确的测定。

1.测量估计　以仔猪吃奶前后，仔猪或母猪体重的变化，即为母猪一次放乳的数量。

2.推算估计　以往多以仔猪 30 日龄全窝重表示母猪的泌乳力；或以增重来推算，母猪哺乳的第 1 月的泌乳量＝(30 天全窝仔猪重－全窝仔猪初生重)×3，第 2 个月的泌乳量为第 1 个月的

60%～70%，相加即得。我国1973年改用20日龄全窝仔猪重表示母猪的泌乳力。

3.观察估计 广大群众根据母猪和小猪的情况，估计泌乳量的高低。母猪乳房膨大，乳头下垂，母猪躺卧后有嗯嗯叫声，放乳前后乳房体积有明显的差异，母猪乳头不见仔猪咬坏的创伤，所哺育的仔猪生长发育快，被毛光亮，开料时间一般较晚，说明母猪泌乳力好，反之则差。

(二)影响泌乳量的因素

影响泌乳量的因素很多，如年龄(胎次)、品种、一窝产仔数、哺乳期间的饲养管理等。

1.胎次 一般情况下，初产母猪的泌乳力低于经产母猪，原因是第1次产仔，乳腺发育尚不完全，又缺乏哺育仔猪的习惯，对于仔猪哺乳的刺激，经常处于兴奋或紧张状态，排乳较慢。第2、3胎上升，以后保持一定水平，第6～7胎后有所下降趋势(表6-5)。

表6-5 母猪胎次对泌乳力的影响

胎次	资料(一)		资料(二)	
	母猪头数	仔猪1月龄窝重(kg)	母猪头数	仔猪1月龄窝重(kg)
1	15	57.0	60	56.0
2	18	58.0	63	59.0
3	15	67.1	46	63.0
4	26	60.0	26	63.0
5	13	66.7	21	58.8
6	26	54.3	15	63.7
7	—	—	14	56.6
8	—	—	5	47.6

2.品种 不同品种泌乳力亦不同，一般规律是大型肉用型或兼用型猪种的泌乳力高，小型或寡产脂用型猪种的泌乳力低

(表 6-6)。

表 6-6 不同猪种泌乳力的比较

猪种	产仔		初生		泌乳力	
	统计窝数	平均	统计窝数	平均每头体重(kg)	统计窝数	平均30日龄窝重(kg)
本地	23	13.56	119	0.97	12	47.1
长白	18	10.55	150	1.31	9	57.9
苏白	23	11.87	101	1.21	7	49.2

3.一窝仔猪数 一般情况下,一窝产仔数多的,泌乳量亦高(表 6-7)。

表 6-7 经产母猪产仔数与泌乳力

测定窝数	仔猪数	初生		30日龄	
		平均窝重(kg)	平均个体重(kg)	平均窝重(kg)	平均个体重(kg)
20	7.80	8.47	1.12	36.46	5.65
15	8.40	9.30	1.11	40.20	5.38
28	8.46	8.89	1.05	46.90	5.92
17	8.47	10.30	1.21	47.72	5.01
25	9.70	10.06	1.31	53.46	6.24
32	11.0	13.18	1.19	57.58	6.32

4.饲养 饲养水平和饲料品质是影响泌乳量的主要因素。形成乳汁所需要的营养物质,是从饲料中得到的,如不能满足母猪的营养需要,母猪的泌乳性能就不能充分发挥。

5.管理 管理工作的好坏,对泌乳也有很大的影响。安静舒适的环境有利于母猪的泌乳,一般晚上的泌乳量高于白天,因此,猪舍内应保持安静,不能喧哗和粗暴地对待母猪,不要轻易变动工作日程。气候条件也影响泌乳,如在潮湿炎热的夏天或疾风寒冷的冬天,母猪的泌乳量一般都低。

第七章　猪的饲养管理

第一节　猪的一般饲养管理

一、坚持贯彻防重于治的方针

无病早防，有病早治，常年防疫，做好猪瘟、猪肺疫、猪丹毒等疫苗的预防注射，做到头头注射，个个不漏。做好消毒工作，病猪要及时隔离，专人饲养，针对治疗，死猪要妥善处理。

二、饲养管理因季节不同而不同

群众说："四季一般化，气力白消耗。"说明猪的饲养管理一年四季要灵活掌握，不能千篇一律。

群众根据猪的生活习性，总结出："春防风、夏防热、秋防雨、冬防寒"的经验。

三、分群分圈进行饲养

分群就是将全场的猪，根据猪的品种、性别、大小、强弱和吃食快慢分开饲养，这样便于照顾瘦弱的猪，管理也容易，猪的生长发育也比较一致。分群工作决不能一次完事，要根据猪生长的快慢每 2 个月左右调整一次。

分圈就是在分群的基础上，将一个类型的猪分成单圈或大圈与单圈混合饲养。一般单圈饲喂成年公猪或怀孕母猪每圈 1 头，大克朗猪每圈 2 头，小克朗猪每圈 2～4 头；大圈与单圈混合饲养，一般将空怀母猪、怀胎初期母猪、克郎猪按大小分类，每圈 20～25 头；怀胎后期的母猪，要单圈饲喂，待生下小猪断奶后，要把母猪赶到大圈中饲养。

分群分圈可根据猪场具体情况而定，但要消灭混群、混圈、混喂的现象。

四、喂猪要定时、定量、定温

猪有一定的生活习惯，喂养要有一定的顿数。一般来说：公猪、母猪每天喂 2～3 顿，乳猪、保育猪和育肥猪前期实行自由采食，不限量，不限时。

喂猪每天要定时定量，不要早一顿、晚一顿，饿一顿，饱一顿，如果这样，猪不但吃不香、长不快，而且消化吸收不好，易得胃肠病。

在猪食的温度上，也不能热一顿、凉一顿，群众常说："猪的口，饲养员的手。"喂湿拌料要"冬热、夏凉、春秋温"，提倡用颗粒料及干粉料。

五、农村可以进行放牧养猪

我国有些地方有放牧养猪的习惯。广大劳动人民在长期养猪放牧中，总结了"养猪放牧好，省工又省料，生病少易上膘"的经验。

放牧养猪为什么好呢？这是因为，放牧时可使猪自由采食大量营养丰富的青饲料。青饲料含有营养价值丰富的蛋白质、矿物质和维生素。猪拱土可以吃到一些动物性饲料，秋天在茬地放牧也能吃到一些籽实类及其他块根饲料，可以充分满足猪的需要。同时猪在新鲜空气和充足的阳光下，得到充分的运动，从而使猪体强壮，增强对疾病的抵抗力，在放牧条件下可以提高猪的生产力，生长迅速、母猪产仔多，奶水好，公猪体壮力强，精液品质提高，可大大提高母猪受胎率。

第二节　种公猪的饲养管理

种公猪的任务是配种，公猪每次射精量在家畜中是第1位的，每毫升精液中含有0.8亿～1.5亿个精子。要产生和形成大量质量好的精液，必须对它进行合理的饲养管理和使用。根据各个养猪场的经验，要养好种公猪和提高它的繁殖能力，应当经常注意营养、运动和配种利用这3者之间的关系，同时给予阳光充足、空气新鲜，干燥、保温、清洁卫生等良好条件。

公猪的好与坏，对猪群的影响很大，俗语说："母猪好，好一窝；公猪好，好一坡。"是很有道理的。公猪在猪群中占数目虽少而起的作用很大，一个100头成年母猪的猪场养5～7头种公猪就够了，如果采用人工授精，一头种公猪就能配好几百头母猪。有的猪场存在着"重肥猪，轻种猪"，"重母猪，轻公猪"的思想，对生产极为不利。

一、种公猪的饲养

从种公猪的任务、产品以及所起作用来看，饲养上应采取以下措施。

凡采取季节配种的猪场，在配种前的准备时期和配种季节中要加强对种公猪的饲养；凡采取终年配种的猪场，全年都要加强对种公猪的饲养。

(一)公猪的营养需要

从公猪每次射精量和精液成分的分析看，需要供给它足够的热量和丰富而品质优良的蛋白质、维生素及矿物质。

公猪对热量的需要量，依公猪体重不同而不同，体重越重需要的热量越高。

蛋白质对于公猪精液数量的增加和质量的提高，以及对精子寿命的长短，都有很大关系。

青绿饲料特别是豆科青草中含有很多的蛋白质，动物性饲料的蛋白质更为丰富。在解决动物性饲料来源上，群众有很多经验，如在公猪配种频繁季节，利用母猪产仔后的胎衣煮熟切碎喂猪效果很好，有的则利用小鱼、小虾、田螺、鱼粉等来作动物性蛋白质的补充饲料。

维生素 A、维生素 D、维生素 E 等也是公猪不可缺的营养物质。种公猪在配种前或配种期间的日粮中，应当按公猪每 100 kg 体重供给维生素 A 2 万～3 万 IU 和维生素 D 1 000 IU。

青绿饲料和红色胡萝卜、南瓜都含有丰富的维生素 A、维生素 E，维生素 D 在饲料中含量虽然很少，只要公猪每天能有 1～2 小时的日光浴，就可以把皮内的 7-脱氢胆固醇转化为维生素 D，而不致感到缺乏。

公猪需要的维生素饲料，在山东省的冬季里，可以依靠青贮饲料和大麦芽等来解决。

矿物质（钙、磷、食盐）对公猪的精液品质也有很大影响，特别是钙和磷，因此在配种期和配种准备期，应当按公猪每 50 kg 体重在每天的日粮中至少供应钙 14～18 g，磷 8～10 g，另外，还应供应食盐 20 g 以上。

青粗饲料中也有丰富的钙和磷，如苋菜、马齿苋、紫花苜蓿、干牛皮菜、红三叶干草等，除用青粗饲料喂公猪外，还须在饲料中加喂一些骨粉、蚌壳粉、蛋壳粉等。

（二）公猪饲养管理

各地饲养条件不一致，应当因地制宜地来饲养公猪，在有条件的猪场，可以根据“饲养标准”的需要，组织日粮来饲喂。

公猪的饲养技术，群众认为：饲养种公猪对饲料的体积应小一些，粗料磨碎，青绿饲料适当搭配。这样营养全面，易于消化，可以避免把种公猪的肚子撑大，降低配种效果，在饲养种公猪时，要时刻注意它的营养情况，使它终年保持肌肉结实，精力旺盛的健壮体质，过肥过瘦都是不好的。群众经验认为体重 125 kg 左右的种公猪，每天喂 3 顿。

二、种公猪的管理

（一）运动

保证种公猪有足够的运动。运动可增强体质，促使血液循环，刺激食欲，提高饲料利用率。运动的方式以驱赶运动为主，活动活泼为辅，每天运动 2 次。

（二）经常保持皮肤清洁

经常用柔软的秸秆或硬刷子刷拭公猪周身的皮肤。农谚说："一天三创（刷、拭），强似加料。"这样不仅可使皮肤经常保持清洁，少得皮肤病和寄生虫（疥癣、虱子），更重要的是通过刷拭皮肤，还可以增进健康、加强性的活动。

（三）修蹄

种公猪的蹄子要经常修剪，以免蹄壳太长，既妨碍行走，也易在配种时刺伤母猪。

（四）圈舍

公猪的圈舍以宽敞的单圈为好，农谚说："公猪住单圈，饲养管理最方便。"同时应当经常保持圈舍温暖、干燥、阳光充足、清洁，创造良好的生活条件。由于种公猪适温为 10℃，防暑降温是当务之急。

此外，要建立日常管理制度，注意公猪体重的变化，不要使之过肥过瘦。

第三节　空怀母猪的饲养管理

成年母猪，一般在仔猪离乳后或在仔猪哺乳期进行配种，只要加强饲养管理，使之保持有基本的种用体况，及时配种准胎是可以做到的。反之，要是母猪过瘦过肥，都会出现不发情、排卵少、卵子活动弱，以致造成空怀。除此，对于个别机能紊乱引起不发情或屡配不准的母猪，也要进行细致分析，采取相应的催情措施，以便提高母猪的繁殖能力。

一、空怀母猪的饲养管理

处于配种准备期的母猪，也要求获得较完全的营养物质，但其中特别要注意蛋白质的数量与质量，其他维生素 A、维生素 D、维生素 E、钙、磷和食盐等矿物质的供应，也要求基本能够满足需要。

一般要求在日粮中每千克饲料有可消化蛋白质不少于 90 g 左右，若在哺乳期内配种，则应增加至 110～130 g，如果蛋白质不足，会破坏卵子的正常发育，排卵数减少。

母猪对钙的供应不足很敏感，表现出不易受胎、产仔数减少。一般很少感到缺磷。在日粮中应按每百千克供给 8～12 g 钙，5～8 g 磷，8～10 g 盐。

维生素 A、维生素 D、维生素 E，对母猪繁殖的意义很大。在日粮中维生素 A 按每千克体重供给 1 万～1.5 万 IU，维生素 D 为 1 000 IU。

我们应当以母猪的营养需要，结合条件的可能因地制宜来养猪，了解猪的营养需要是必要的，但在生产实践中要结合条件至关重要。一般成年母猪在配种前比较瘦弱，为了让母猪达到八成膘，在饲养上可适当增加猪精料中的玉米、高粱、大麦等饲料的给量，增加青绿饲料，使母猪恢复体况，尽快发情。如果母猪太肥则可以适当减少精饲料的给量，增加青粗饲料，每天每头应喂 3～5 kg 多汁饲料或 5～10 kg 的青草，同时还应当搭配一定数量的精饲料以保持母猪的膘情。喂饲的饲料要多样化，在每次喂饲之前，饮水一次。

阳光、运动和新鲜空气，对促进母猪发情和排卵也有很大关系,体况好的母猪,从配种准备期开始,每天运动两次,每次运动1～1.5 km。

高温会推迟或阻碍母猪发情,降低排卵数,增加死胎数,而且在高温条件下,母猪发情不规律,难以预测。另外,相对湿度和日照变短会互相作用影响母猪发情。实验证明,在32℃左右的温度下饲养交配后25天的妊娠母猪,其活胚胎数要比在15.5℃下饲养的妊娠母猪少3个。因此,猪舍温度保持在16～20℃,相对湿度为70%～80%为宜。

二、促进母猪发情排卵的其他措施

在正常情况下,小猪断奶后5～10天,母猪就开始发情,抓住这一时机,适时使母猪发情。在措施中,最基本的是加强饲养管理,亦可采取以下的方法:

(一)逗情

把公猪、母猪关在一个圈里,由于接触公猪以及公猪爬跨等刺激,可以促进母猪发情、排卵。

(二)控制哺乳时间

在哺乳期间,采取隔离喂仔,控制小猪的吃奶次数,对生后1月龄的小猪,可延到6～8小时吃奶一次,可促使母猪很快发情。

(三)并窝

如果有大群母猪分娩,而且日期相隔很近。就可以将两头产仔的母猪所生的小猪,合并给一头母猪喂乳。并窝最好在小猪出生后不久进行。

(四)按摩乳房

按摩母猪乳房,不仅能促使乳房和生殖器官的发育,并能促进发情、排卵。

(五)激素催情

据试验,利用绒毛膜促性腺激素,对母猪催情和促使排卵,效果较为显著，注射剂量为每头体况良好中型母猪（体重 75～100 kg）肌肉注射 1 000 IU。在配种前 30 分钟肌肉注射 LRH-A_2 40～50 μg，或在配种前 4～24 小时注射 LRH-A_3 100～200 μg，可明显提高产仔数。上海第九制药厂生产的三合激素，催情效果显著，三合激素每毫升注射液中含丙酮睾丸 2.5 mg，黄体酮 12.5 mg，苯甲酸雌二醇 1.5 mg，每次注射 2 mL，间隔 24 小时再注射一次，从处理到发情间隔约 3 天，配种后的受胎率也较高（89%）。

第四节　妊娠母猪的饲养管理

妊娠母猪饲养管理的基本任务是：保证胎儿在母体内得到正常发育，防止流产，每窝能生产大量健壮、生活力强的仔猪，保持母猪有较好的种用体况，为哺乳期泌乳储备所需要的营养物质。

一、保证胎儿正常发育

胎儿与母体是相互联系而制约的统一体。胎儿发育所产生的激素，如孕酮，有提高母体新陈代谢机能和母体本身生长发育（指幼母猪）的作用；胎儿以母体为外在的生活条件，它生长发育所需要的营养由母体供给，但是在一定条件下，它们又互相影响，如胎儿生长发育迅速的时期，若供给的营养不足，而会消耗母体本身营养物质，使母体消瘦；相反，倘若母体过肥，而阻碍胎儿生长发育，结果生产弱的仔猪或死胎。

二、胎儿的生长发育与营养需要

卵子在输卵管前端受精，受精卵子在输卵管时期是游离状态，借助于输卵管的绒毛的摆动（向一个方向），受精卵逐渐沿输卵管往下移动，到达子宫，从卵子排出到子宫需 24～48 小时，到了子宫时通过助孕素的作用将受精卵定植在子宫角上，并在它周围形成胎盘，这个过程大约要半个月时间。受精卵在定植和未形成胎盘以前，很容易受到外界条件的影响，如饲喂母猪变质发霉的饲料或饲料营养不全面，缺乏维生素，都可以引起受精卵中途发育停止或死亡。所以，加强母猪妊娠后 20 天左右的饲养管理是保证胎儿正常发育的一个关键性时期。

在妊娠的初期，胎儿很小，绝对增重不高，越接近妊娠后期，胎儿成长越快，到出生时，它的体重约为妊娠第 4 个月初的 1 倍左右，如表 7-1 所示。

表 7-1　胎儿的发育

胎龄（日）	36	63	91	112
体重（g）	4.5～6.0	150～200	500～600	900～1 500

所以，加强母猪妊娠末期饲养管理是保证胎儿发育的第 2 个关键时期。由此可见，饲养妊娠母猪应当抓好“两头”。

三、妊娠母猪的饲养管理

1. 妊娠母猪的营养需要　在妊娠中，母猪从饲料中取得的营养物质，首先满足胎儿的生长发育，然后，再用来供给本身的需要并为将来哺乳储备部分物质。对于幼母猪来说，还需要利用养分来供给自己生长发育，如果妊娠期营养不足，不但胎儿得不到良好发育，而且会使幼母猪发育不全，体躯矮小，以后即使加强饲养，也难以补偿。

妊娠母猪所需要营养物质，以蛋白质、矿物质和维生素为最主要。蛋白质是组成胎儿的主要成分，越到妊娠后期，需要量也越大，在日粮中每个饲料单位应含有不少于 120 g 可消化蛋白质。由于一般的谷实类饲养，除豆类外，蛋白质品种不完善，所以，必须注意供给品质优良的青饲料、豆科干草粉或部分动物性饲料。

钙和磷是胎儿生长骨骼所必需的矿物质，日粮中每千克饲料应至少含有 10 g 钙和 5 g 磷。

关于维生素的供给，在放牧和青饲的情况下，不致感到缺乏，在冬季和早春缺乏青绿饲料的时候，应当特别注意补充多汁饲料和青贮饲料。

2. 妊娠母猪的饲养方式(图 7-1)　我国劳动人民对妊娠母猪的饲养比较精细，按照妊娠母猪特点，采取相应的饲养方式，归纳起来，基本上可分为 3 类：

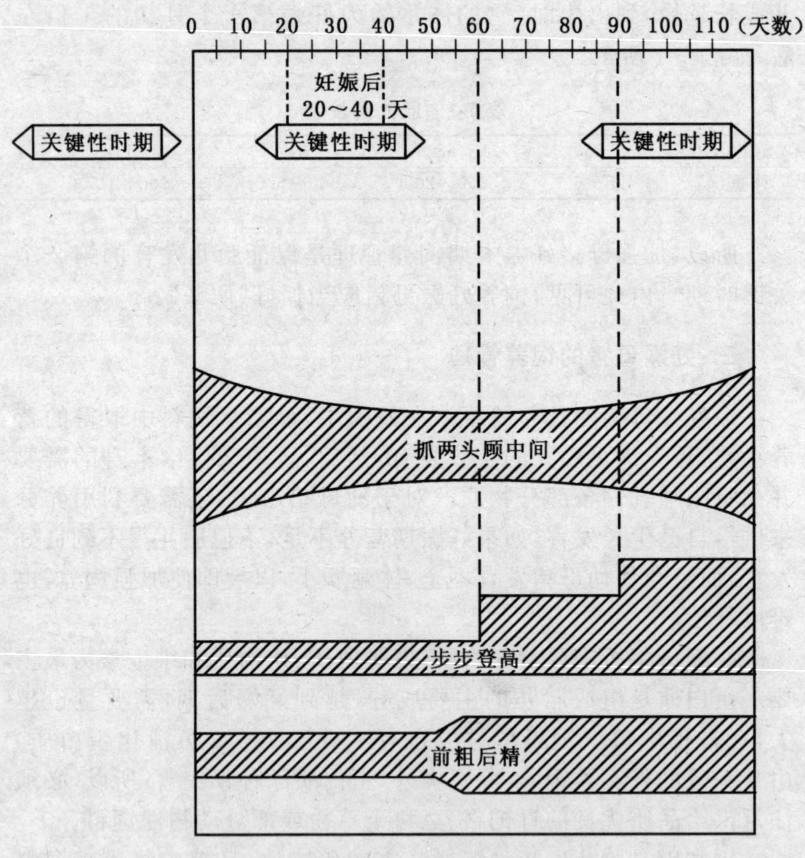

图 7-1　妊娠母猪饲养方式示意图

(1)抓两头顾中间的饲养方式:这种方式适用于经产母猪,母猪经过分娩和一个哺乳期之后,体力消耗很大。为了使它担负起下一个阶段的繁殖任务,首先必须在妊娠初期就加强营养,使它迅速恢复繁殖体况。这个时期一般为20～40天,这时除喂给大量青粗饲料以外,也应该适当加喂部分饲料。此后就以青粗饲料为主,维持中等营养水平,直到妊娠后期,即第3个月开始,再多喂些精料,以加强营养。这样的饲养方式,就形成了高-低-高的营养水平,但后期的营养水平,应高于妊娠初期。

(2)步步登高的饲养方式:这种方式适用于初产母猪和哺乳期配种的母猪。因为这两类母猪,前者本身还处于生长发育阶段,后者生产任务繁重,营养需要量都较大。因此,在整个妊娠期间营养水平,是按照胎儿体重的增长而逐步提高,到分娩前1个月达到最高峰。喂饲的饲料,一般是在妊娠初期以青粗饲料为主,以后期加大精料比例,而在后期则变为以副产品为主的日粮配合,同时增多蛋白质和矿物质饲料。

(3)前粗后精的饲养方式:对配种前体况良好的经产母猪采用这种方式。因为妊娠初期胎儿很小,如母体本身膘度很好,不需要增加营养,一般可以按照配种前的饲养标准喂饲到妊娠后期,为适应胎儿生长发育的需要,再适当加喂些精料。

这些是我国群众从生产实践中创造出来的把精料利用在关键时期的好办法。

3.妊娠母猪的饲养技术　有条件的猪场可以按饲养标准组织日粮来饲喂。一般以试行饲养标准为基础,根据配合饲养为主、适当搭配青粗饲料的饲养原则,在妊娠母猪的非关键时期,应当大量利用青粗饲料,因为青粗饲料含有胎儿生长发育所必需的蛋白质、维生素和矿物质,而且妊娠母猪对粗纤维利用效能也高于其他类别的猪。值得特别注意的是,应当大量利用青贮饲料喂母猪,因为它不仅是解决冬春所需青绿饲料的途径之一,而且也符合母猪生产上和生理上的需要，而在生产关键时期，应当多搭配些精料，以保证获得充分营养。妊娠母猪不宜喂棉籽饼以免引起中毒造成流产。妊娠母猪忌饲喂发霉的、冰冻的饲料，以防止流产。妊娠后期，胎儿发育很快，因此需要的养分较多，要适当多搭配些精料，在利用体积大的青贮饲料时，除一般采取压缩青饲料体积的加工处理措施外，还采取少喂、勤喂，增加饲喂的次数等方法。

4. 妊娠母猪的饲养管理　管理妊娠母猪的中心问题，在于做好保胎工作，促使胎儿正常发育，防止流产。妊娠后的第一个月主要是注意恢复母猪的种用体况，要使母猪吃好、睡好、少运动。此后，要使母猪有足够的运动，每天运动两次，每次运动 1～2 小时，夏天应早晚较凉爽时运动，雨雪天和严寒天气，应停止运动，以免妊娠母猪受冻或滑倒。

猪舍和猪体保持清洁，及时消灭体外寄生虫。要注意母猪体况以此作为调查饲料的根据。对于妊娠母猪，不得追赶鞭打，不在光滑泥泞的道路上运动，出入猪舍时避免拥挤，应当分批把母猪放出或赶入，防止母猪急转弯或跳越壕沟。夏季不得用刚从井里打出或刚从水管里放出来的水给母猪洗澡。到临近分娩前几天应当减少运动，多给自由活动时间，这些工作虽属细小，但必须经常注意，否则就会造成流产和死胎。

若对妊娠母猪采取群养的方式，应按孕期、年龄、体重发育和个体等情况分群分类，由于它们要求的日粮，喂法和管理条件一致，便于饲养管理。

妊娠母猪最好进行单栏饲养，以防止流产。

妊娠母猪有必要储备泌乳所需的营养物质，但是，临产前应减少喂量，调配容积较大而带轻泻性饲料。分娩前 10～12 小时，最好不再喂料，只满足饮水。分娩当天，可喂给母猪 1.2 kg 饲料，然后逐渐增加，5～7 天后加到自由采食水平。此后，或是自由采食，或是按次喂给充足均可。

第五节　哺乳母猪的饲养管理

在母猪进入产房前 2 周，应用药物处理体外寄生虫 2 次，入产房时，为母猪洗澡，每一批母猪断奶后，要认真清理猪舍、消毒。

一、哺乳母猪的饲养

（一）哺乳母猪的营养需要

哺乳母猪的营养需要是根据它本身需要、猪乳成分和泌乳量的多少来考虑的，对小母猪还要考虑它本身生长的需要。

母猪在泌乳期间分泌 200～300 kg 乳汁，优良母猪能达到 450～500 kg 乳汁。因此，母猪在哺乳期，特别在泌乳旺期（哺乳期的前 30 天），需要的饲料量比空怀母猪要高得多。

哺乳母猪的热量需要，一般是在空怀母猪饲养标准的基础上，按照哺乳仔猪头数来计算，每增加一头仔猪，就多给 0.5 kg 饲料。若以泌乳量来计算，假定母猪同其他泌乳动物一样，每形成含热量 17.51 kJ（1 000 kcal）的乳，需要 0.6 kg 饲料，如一头母猪每天泌乳 4～4.5 kg，就需要 4～5.7 kg 饲料。泌乳量增多，需要的饲料也就随之增多。

哺乳母猪所需的蛋白质、矿物质和维生素等，如日粮中青绿饲料充足，这些营养物质一般不会缺乏。如果在缺乏青绿饲料的情况下就应当注意补充。一般在哺乳母猪的日粮中，每千克饲料应含有 120～174 g 可消化蛋白质，10 g 钙和 6 g 磷，100 kg 体重应获得 1.5 万～2.0 万 IU 的维生素 A 和 1 000 IU 的维生素 D，每头每天还要喂给 40～50 g 盐。

（二）哺乳母猪的饲养标准与饲喂技术

根据哺乳母猪的营养需要，提出饲养标准，有条件的猪场可根据标准组织日粮，其具体组织日粮的例子和种公猪的相同。一般不能按标准组织日粮的猪场，也可以标准为参考选择饲料和饲喂。在饲料的选择上，应选用幼嫩多汁的青草、胡萝卜、南瓜、苜蓿、干草、麦麸、豆饼、骨粉等。用幼嫩的青饲料和多汁饲料喂饲哺乳母猪，可大大提高母猪的泌乳力。

在饲养技术上，饲养哺乳母猪，每顿要少喂勤添，增加饲喂次数。一般第 1 天喂 3～4 次，每次间隔时间要均匀。如果哺乳仔猪在 12 头以上，每日可喂 5～6 次。

哺乳母猪要定时、定量、饲料要多样化，有条件放牧的地区，应当每天放牧，用自动饮水器自由饮水。为了防止母猪因产后急剧改变饲料，致使消化发生障碍，影响乳汁的品质，应在妊娠末期，就改喂哺乳母猪的日粮，在仔猪离乳时，为了防止母猪发生乳房炎，必须在离乳前 3～5 天逐渐减少母猪喂料量，对于体况不好的母猪，可以不减料。总之，对于哺乳母猪的饲养要切忌引起消化不良，食欲减退，以致降低泌乳量。

二、哺乳母猪的管理

对哺乳母猪管理既要使它很快恢复体况，也要有利于提高泌乳力。

(一)运动

运动能促进母猪食欲，增强消化力，从而保证健康，提高泌乳力。一般在产后 3～5 天，天气良好时母猪就可以带仔猪一起运动。在冬天，不应当把母猪赶到雪地上运动，以免冻伤乳头，特别对肚子大而乳头拖地的母猪，更要注意。

(二)使母猪安静

经常使母猪安静休息，禁止在母猪身边吵闹和大声喊叫，不可鞭打母猪；在日常管理的工作程序上，必须保持有条不紊，否则就会打乱正常泌乳的规律性，从而影响泌乳量。

(三)保护乳头

产仔头数少于乳头数时，可以训练仔猪吃几个乳头，防止未被利用的乳头萎缩，而下一个泌乳期内不泌乳，对初产母猪更要注意。并经常检查乳房，如有损伤，及时治疗，另外，应训练哺乳母猪养成两侧交替躺卧的习惯，以便于仔猪吮乳。

(四)保持圈舍清洁干燥

哺乳母猪的圈舍要经常保持清洁干燥，没有贼风。每天除定时清扫外，还要训练母猪养成舍外定时排粪尿的习惯，切忌在圈内积存粪尿或污水，以免小猪食入后引起下痢。在冬天，应当尽量减少舍内冲洗作业，以防圈内潮湿寒冷。

(五)山东省潍坊市畜牧研究所刘树恩等报道

该所母猪产后一针，预防乳房炎、子宫炎、阴道炎、产后热等产期疫病疗效显著。方法是：产后 12 小时内给母猪打一针，即氨基比林 10 mL，青霉素 160 万 IU、链霉素 100 万 IU，混匀，让母猪侧卧，颈部耳后 2～3 cm 处，一次肌肉注射。

第六节　幼猪的养育

大量养育品质优良的幼猪，是养猪大发展的基础，因为幼猪的好坏关系到种猪的种用价值和肥育品质。

在生产实践中，我们把幼猪划为 3 个阶段：即哺乳仔猪养育阶段，断奶仔猪育成猪养育阶段，后备猪养育阶段。

一、哺乳仔猪的养育

从仔猪出生到断奶以前，是养育哺乳仔猪的时期，这一时期的基本任务是获得最高的成活率，并培育出健康结实的仔猪，我们应当根据哺乳仔猪生长发育的特点，采取相应的饲养管理措施。

(一)哺乳仔猪的养育

1. 生长发育快　仔猪出生后生长发育快是一个很大的特点。一般说，10 日龄的体重较初生重增大 2.1 倍，1 月龄时增大 4.3

倍,2 月龄时增大 10～11 倍。同时物质代谢作用也相当旺盛。

2. 消化腺机能不完全,消化道也不发达　仔猪初生时消化道容积很小,如胃重仅为 4～8 g,容纳乳汁 25～50 g,以后随着年龄增长而不断扩大,如到 60 日龄时为 150 g,容积增大 19～20 倍,初生不久的仔猪胃中缺乏游离盐酸,唾液和胃蛋白酶的分泌也不多。仔猪只能利用低碳脂肪,对碳链过长的脂肪消化的能力很弱(表 7-2)。

表 7-2　江苏省大仑庄猪不同年龄胃、小肠、大肠的发育情况　　g

类别	初生	60 日龄	120 日龄	180 日龄	240 日龄	300 日龄
胃	4.0	111.9	335.0	390.0	565.0	715.0
小肠	16.83	372.75	915.0		1 300.0	
大肠	6.5	190.9	765.0	1 335.0	1 952.5	1 997.5

3. 调节体温机能不完全　哺乳仔猪大脑皮层发育不完善,调节机能不完整,反应能力也不强,因而易受外界温度、湿度变化的影响。

(二)养好仔猪的关键时期

根据生产实践,养好仔猪的关键时期有三:即从仔猪出生后 3～5 天,特别是出生后 3 天以前,是第 1 个关键时期(初生关);从出生后 10～25 天,是第 2 个关键时期(即初饲期);在断奶后 20 天,仔猪开始过渡到独立生活,是管好仔猪的第 3 个关键时期(断乳关)。

(三)养好哺乳仔猪的措施

各地养育仔猪的经验证明,掌握仔猪的生长发育特点,抓住养好仔猪的关键时期,采取一些相应的措施,是养好仔猪的基本途径。

1. 初生　胎儿的出生是生活方式上的一个很大的改变。由原来通过胎盘吸收养分和交换气体,转变为自行采食、呼吸和排泄;

从生活在恒温母体内，转变为直接与外界环境接触。若在管理和看护上稍有疏忽，就会影响小猪的生长和造成死亡。小猪在吃奶期间，多死亡在出生后 5 天内，占死亡总数的 50%左右，引起死亡的原因，主要是管理和看护工作做得不够。所以，加强初生小猪 5 天内管理和看护，是养好哺乳仔猪重要的问题。

(1)做好配种记录，就可以推算出母猪的分娩日期，并认真进行观察，以便临产时对母猪加强看护，特别是天冷的晚上，因产仔无人看守，而造成小猪的死亡。建议各猪场做好母猪的配种日期的记载。

(2)对分娩母猪和继奶仔猪(保育舍)给予标准温度和清洁环境。

(3)做好仔猪的接产护理工作：母猪在临产前 2～3 天，要认真观察母猪的表现，做好安全接产，精心地护理。

(4)做好初生仔猪的防压工作：上面已经说过，小猪在吃乳期间，多死于生后 5 天内，而其中又以压死的居多。所以母猪产前应将猪卧的地方垫平，在获得圈的一角设仔猪防压栏，栏架必须坚固，以防母猪拱坏，初生 5 天内的小猪，必须精心地护理。

(5)做好仔猪寄养工作：母猪产仔多，奶水不足或母猪产仔过少需要并窝，最好采用寄养的方法来解决，采取季节产仔的猪场进行这一工作比较方便。寄养时，可在晚上将两窝小猪放在一起，喷一些稀释过的来苏儿溶液，使母猪难以分辨。寄养的仔猪和原窝仔猪出生时间最好不要超过 3 天。

(6)固定乳头、吃足初乳：仔猪出生后，应立即扶助吃初乳。初乳比常乳浓，含有大量的蛋白质、灰分，维生素的含量也比较高，由于初乳中免疫球蛋白的作用，可增强仔猪的抗病力。猪在分娩后 3～5 天初乳便逐渐接近常乳。

因而仔猪出生后，必须吃足初乳，而且在第 1 次哺乳时就须固定乳头吮乳。因为母猪每个乳头的泌乳量和乳管数也极不一致，而一窝内仔猪又有强、有弱。通常是把弱小的仔猪或准备留做种用的强壮仔猪，固定在母猪出奶较多的前胸部乳头，把强壮或不留做种用的仔猪，固定在出奶较少的后边乳头上吮乳。一般经过2～3天的照管和控制，就能达到固定乳头的目的(表7-3)。

表7-3　各对乳头的泌乳量及乳管数

项目	乳头排列						
	第1对	第2对	第3对	第4对	第5对	第6对	第7对
平均泌乳(%)	100.0	96.8	93.4	97.2	96.0	95.3	74.1
乳管数	2.25	2.07	2.04	2.04	2.05	2.02	2.00

(7)仔猪编号:有了编号就便于记载和鉴定，对于育种工作也有很大意义，可以弄清各个猪的来源、发育和生长性能。编号的标记方法很多，以剪耳法较为简便易行。剪耳法是利用剪耳钳在猪耳朵上打号，每剪一个耳缺，代表一定的数字，把几个数字相加，即得所求的编号。采取"左大右小，下大上小"的原则:有的右耳代表窝数，左耳代表猪号，凡尾数是单号的为公猪，是双号的为母猪。现在各地区，各猪场的编号尚不统一，为此，最好采取统一编号方法。

兹介绍两种编号法，如图7-2所示。

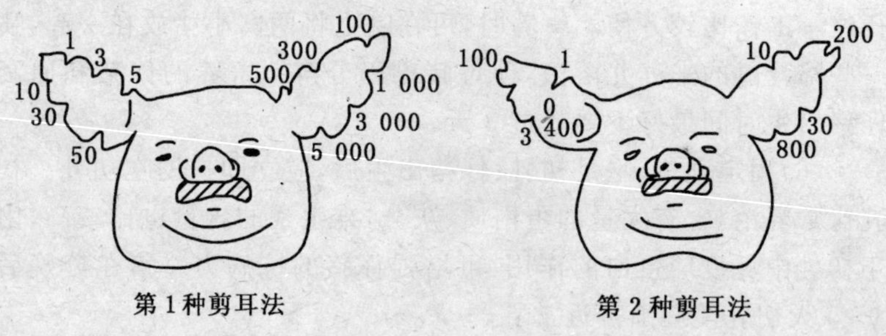

图7-2　剪耳编号法

(8)补铁:仔猪出生第 2 天,于颈部肌肉深层注射铁制剂,每头注铁量 100 mg。我们的补铁试验结果,以广西化工所生产的牲血素效果最好。

(9)断尾:为便于管理,防止猪只相互咬尾,在距尾根 4～5 cm 处断尾是有效的办法。

(10)剪牙:为防止猪只争斗咬伤,要将小公猪的犬牙用骨钳剪掉。

(11)严防仔猪下痢:初生仔猪因下痢死亡,占到死亡总数的 30%左右。防止仔猪下痢,对于提高仔猪的成活是很重要的措施。

2. 补料　小猪出生后长得很快,生长 10 天的增重为初生重的 2 倍左右。猪奶是哺乳小猪的主要的而且是最好的食物,但是,母猪的泌乳量在产后 20 天左右,就逐渐下降,奶中的铁的含量较少,钙的含量也渐少。为了解决这一矛盾,应给仔猪提早补料,在出生后 7 天应该开始训练小猪吃料,否则,就会影响小猪的正常生长。训练仔猪吃食,可采用以下方法:

(1)以老带小,当母猪外出运动时,在运动场上撒上一些炒熟的高粱、玉米、黑豆粒等,由母猪带小猪采食,经 3～5 天小猪即可吃食。

(2)由里到外,仔猪生后 10 天,把猪圈打扫干净,就地训练仔猪吃料,逐渐向外引诱,使仔猪随群采食。

(3)由大带小,仔猪生后 7 天,在母猪圈门口放上食槽,给已经吃料的大一点的小猪补食,逐渐使小猪出圈采食。

仔猪的补料,开始以粒料为主,逐渐改为粥料。粒料炒香或加少量食盐煮熟,粥料是把混合精料用开水泡成粥状。及时加喂青绿饲料,在断乳前 10～15 天要在粥料内逐渐加喂一定数量的粗料,以锻炼仔猪胃肠消化系统的机能。

(四)哺乳仔猪的去势与预防注射

凡不做种用的小公猪,都应在生后 30～40 日龄进行去势,也可以在出生后 3 天内去势，供作肥育用。不宜在断乳前后 1 周内进行去势，以免去势与断乳相离太近，给仔猪另加新的刺激，造成对仔猪的刺激过甚，而影响它的生长发育。

一般多在出生后 10 天左右进行预防注射，防止仔猪感染疫病，也应避开去势和断乳的刺激，以免对生长发育不利。

二、断乳仔猪的养育

从断乳到 4 月龄时间，是养育断乳仔猪（或育成猪）的时期。仔猪在这一时期的主要特点是：在断乳后 20 天内，离开母猪过渡到完全独立生活，生活方式变化很大，而仔猪这时期调节体温的机能不够完善，生长发育快，胃肠消化道的机能也还不够强，饲养管理稍有疏忽，会引起生长发育停滞，甚至患病死亡；也是养好仔猪最后的一个关键时期。

所以，我们饲养断乳仔猪的主要任务，就是要使它们全部成活并获得每日最大的增重，减少疾病和死亡，并培育出健康结实的幼猪。

（一）仔猪的断乳

断乳时间：在保证仔猪成活，不影响母猪复壮前提下，要因猪而异，适当管理。如果仔猪已会吃料，为使母猪迅速复壮配种，可采用早期断奶的方法，将母猪转移到空怀母猪舍内，仔猪在栏内停留 1 周，然后转移到保育舍内。

（二）断乳仔猪的饲养

仔猪断乳后的 5～10 天往往不安，食欲不振，增重缓慢，甚至还会减轻体重，因此，必须在断乳前就逐渐加喂断乳后所采用的饲料，使仔猪早日习惯这种日粮，不致因突然改变饲料而降低食欲。有条件的猪场，还可以喂豆浆，粉浆、鱼粉。

在断乳仔猪的日粮中，精料喂量应多些，但首先要有充分的含有促使仔猪迅速生长肌肉和骨骼所必需的蛋白质、矿物质和维生素等营养物质。喂给的饲料可选用各种幼嫩的野草、干草粉、油饼、麸皮、豆类、大麦、骨粉、食盐等。喂饲青绿饲料，必须用一部分进行生喂，喂量逐渐增加，注意防止引起腹泻。饲料要多样化，一律安装自动食箱，让仔猪自由采食。

按工厂化养猪的要求，断奶仔猪应饲养在保育舍内保育栏内，一律实行网上饲养。

要经常供给清洁的饮水，因为断乳后仔猪采食大量饲料，如供水不足，会因口渴而饮污水或尿液，引起下痢等疾病。

(三)断奶仔猪的管理

仔猪断奶后 10 天左右，要根据仔猪性别、个体大小、强弱、吃食快慢进行并窝分群，在一群内体重相差不要超过 2～3 kg 为宜。对于体弱的仔猪，另组一群，多加照料，促进发育良好。分群不要在断奶后立即进行，以免仔猪调离原圈更感不安。为了避免分群头几天，仔猪互相咬架，应在分群前就使仔猪共槽进食或在一起放牧运动。以后，每月调整仔猪群一次，每群的头数，视猪场生产条件而定，目前一般以 10 多头为宜，及时分群可以防止早配和使仔猪发育均匀。

断乳仔猪的运动应充足，农谚说："小猪游，肥猪囚。"是有道理的，小型猪场，冬季每天可以驱赶运动 2 小时左右，夏季尽可能每天放牧 4～6 小时。

三、后备幼猪的养育

从仔猪出生后 4 个月到初次配种前，是养育幼猪的时期，这一时期幼猪消化器官较发达，消化机能亦较强，对外界环境具有良好的适应能力。我们饲养后备猪的主要任务是获得体格健壮、发育良好、体重大、具有种用品种的种猪。

(一)后备幼猪的选拔

在 4 月龄，对于幼猪应进行一次选拔，以后每隔 2 个月进行一次，直到配种为止，把体格健壮，发育良好，外形无重大缺点，乳头在6～7对且分布均匀的幼猪留作种用，其余的猪只拨入育肥猪群。

初选出的后备种猪头数，一般要比准备淘汰的种猪头数多出1倍以上。

(二)后备幼猪的饲养

为了使后备幼猪发育良好，而又不会过肥，在日粮的饲料，应含有生长发育所必需的养分，不要多喂给含碳水化合物丰富的饲料。

喂后备猪主要是用配合饲料和青粗料，特别是多汁饲料，以防止过肥，还能锻炼种猪的耐粗饲能力，长大骨架。但对幼公猪日粮中粗料所占的比例，应比母猪低一些，以免造成公猪腹部过大而不便交配。

(三)后备猪的管理

运动对后备猪来说，是很重要的，运动可以锻炼后备猪的体质，促进肌肉和骨骼的正常发育。如果把后备猪长期进行舍饲，缺乏运动和阳光，就会发生不正常等情况，在有条件的地区，也可以放牧和运动结合起来，此外，还要注意栏圈卫生。

第七节　肥育猪的饲养管理

猪的肥育是养猪业生产中的最后环节。其主要目的是在较短的时间内，花费最少的饲料和劳力，得到成本低、量多、质好的猪肉。

一、影响肥育的因素

(一)品种和类型

猪的品种和类型对肥育的影响很大。实践证明，早熟品种的肥育猪饲养期短，增重快，消耗饲料少。兹将山西农学院猪场在中等饲料水平下的试验结果列于表7-4。

表 7-4　品种对肥育效果的影响

猪种	头数	达相似体重所需天数	平均日增重(g)	增重 1 kg 需饲料(kg)
太谷本地猪	6	390	130.54	6.45
内江猪	4	300	225.10	6.05
巴克夏猪	4	270	253.85	4.51

以上的试验结果表明，在相同的饲养管理条件下，由于品种类型的不同，肥育效果不相同。因此在进行肥育时，必须全面地了解猪的品种与类型，并采取不同的饲养措施，才能达到提高肥育效果的目的。

(二)饲料

饲料对猪的肥育关系很大，如果在屠宰前 2 个月，主要用含 40％以上植物的饲料（玉米、豆饼等）喂猪，会长成软脂肪，肉质比较松软，并缺乏香味，这是由于植物性油脂主要为不饱和脂酸所构成的，这种油脂在室温下是液状，在－8℃以下才凝固。如猪体内饲料中的植物性油脂所形成的脂肪越多，则脂肪越软，不仅影响屠体脂肪的硬度，而且影响肉的味道和色泽。

饲养水平对猪的肥育也有一定的影响。

在中等饲养水平下，培育品种日增重最快，饲料报酬高，在低等饲养水平下，培育品种日增重低于地方品种，增重亦不如本地猪经济。

(三)管理

在管理方面主要介绍一下温度、光线和运动对肥育的影响。

1. 温度对肥育的影响　猪在肥育时期，过冷过热都会影响肥育的效果，降低增重速度，因为过热的天气，影响猪的食欲，采食量减少，同时猪又得不到安稳的休息和睡眠，使增重降低。过冷的环境，猪要多消耗体内的热能来维持体温，使增重降低。只有在适宜的温度下（15～23℃），猪的体重增长才快。因此，冬季要注意保温并喂热食，夏季要防暑和暴晒，注意通风等。

2. 光线对肥育的影响　肥育末期把猪饲养在较黑暗的环境里能使猪得到充分的休息，因而增重较快。目前有些国家采用“暗舍撒喂”的饲养方法，效果良好。

3. 运动对肥育的影响　农谚说得好：“小猪游，膘猪囚”，所谓小猪游就是让小猪得到充分的运动，以促进新陈代谢，使肌肉发达结实，身体健壮，到了催肥期，则要减少运动，以减少体内养分的消耗，但如果催肥期完全停止运动，会使猪只食欲下降，消化能力降低，所以在催肥阶段，应让猪只在运动场上适当地进行自由活动。

(四)仔猪的初生重和健康状况

在一般情况下，初生重大，身体健壮的仔猪，在哺育期间生长发育得快，而且在肥育阶段增重速度也较快(表 7-5)。

表 7-5　仔猪 1 月龄时体重与肥育的关系

项　目	统计头数		
	967	1 396	312
死亡率(%)	12.2	1.8	0.5
1 月龄体重(kg)	5.0 以下	5.1～7.5	7.6～8.0
208 日龄体重(kg)	73.4	83.6	89.2

因此，加强母猪妊娠期的饲养管理，使胎儿能充分发育，从而获得体质健壮，初生重大的仔猪，同时又必须喂好哺乳母猪，以保证仔猪在哺乳期间，得到充分发育，这都是提高肥育效果的重要措施。

(五)去势

去势不仅影响猪的肥育速度，而且对肉的品质也有一定影响，凡用作肥育的公猪均应去势。去势的好处是：第一，去势后第一性征停止发育，第二性征不再出现，异化作用降低，机体组织趋势于脂肪沉积，猪就易肥胖，由于肌肉缺乏发生器官内分泌的刺激，肉质柔软、细嫩、味美；第二，去势后，性机能停止活动，性情温和，所以，公母猪可以同圈饲养，便于管理；第三，去势后长得快，可提高增重10%，缩短了肥育期，节约了饲料。

但为了提高胴体瘦肉率，母猪一般可不必去势。引入品种的公猪，由于性成熟晚，也可以不去势。

二、肥育猪的一般饲养管理技术

由于肥育方法不同，饲养管理技术也不完全相同。就一般共同性的问题介绍如下：

(一)分群

对于肥育猪应当采取群饲，不仅可以提高肥育猪的劳动效率，降低成本，并且可能使肥育猪群由于共槽采食，形成争食现象，从而提高猪的食欲，使猪只吃得多，肥育得快。但是，为了防止发生强夺弱食，影响弱猪的增重，因此，必须进行合理的分群。

根据群众的经验，分群应掌握以下原则：

(1)实行“三拨分群”，所谓“打拨”是在猪的断奶、小架子和中架子3个不同的发育阶段，把体质、体重、性格、吃食快慢等方面相似的猪合群喂养。

(2)同一群猪的体重相差不宜太大。

(3)对于群内个别性情暴躁或过于瘦弱的猪，应当挑出来另行饲养。

(4)每次分群后，经过一段时间的饲养，还会发生体重不匀的现象，应及时调整转群。

(5)进行并群时，为了避免猪只打架、咬伤，应当采用“留弱不留强”、“拆多不拆少”、“夜并昼不并”的方法。就是说，应当把头数少而强的猪并入头数多而弱的猪群内，或把猪少的群留在原圈，把猪多并入小群，并群最好在夜间进行。每猪群的数量，应根据猪舍设备，机械化程度，猪群状况等方面的情况来确定。

自然养猪法，要求大群饲养育肥猪，每群 30～100 头，采取自由采食，不打架，不争斗，有利于猪的增重。

（二）保持猪体干净和猪舍卫生

夏季让猪在清水池中洗澡，可帮助体温发散，促进血液循环，增加食欲，又能防止皮肤疾病的发生。猪舍应清洁干净，空气新鲜，温度、湿度、光线适当，这对猪体健康和脂肪沉积都有好处。

（三）适当运动和充分休息

肥育猪除了催肥期的最后 1～2 个月需要限制活动外，均应给予适当的运动，以增强猪体的健康，提高食欲，促使骨骼、肌肉得以充分的生长发育。在催肥期，应让猪吃饱，躺在光线稍暗而又安静的地方，使它充分休息，以减少热能消耗，以利于脂肪的沉积。

（四）饮水

在运动场或猪舍内，安装自动饮水器，让猪随时能喝到清洁的水，喂给过稀的饲料来代替饮水做法不太好，过稀的饲料一方面会冲淡消化液，引起消化不良；另一方面相对的减少了肥猪的采食量，得不到充分的营养物质，从而降低增重。

（五）称重

肥育期间要做到按期称重，一方面可以计算饲养成本；另一方面可以检查猪只的增重情况，以便对增重缓慢的猪群及时分析原因，并采取改进措施。

附录一　养猪场兽医卫生防疫规程

猪病防治主要应贯彻执行“防重于治”的方针，严格按照“养猪场兽医卫生防疫规程”办事，并推行全进全出流水式生产工艺。由于篇幅有限，本章除常见病外。对一般猪病不作论述。

第一条　为防止猪疫病的发生和流行，保持猪群正常生产，提高猪场的经济效益，促进养猪事业的发展，特制定《养猪场兽医卫生防疫规程》。

第二条　本规程适用于种猪场、商品猪场和养猪专业大户。

第三条　猪场建筑和布局。

1.猪场要建筑在地势高燥、排水方便，水源充足、水质良好，离公路、河道、村镇、工厂、学校 500 m 以外，猪场周围应筑以土沟或围墙，有条件的在围墙外有防疫沟(宽 8 m、深 2 m)，沟外为防疫林带(10 m 宽)。

2.病猪隔离舍，应建在场外，地势应低于健康猪舍和人住房屋并处于下风口方向，距离不低于 200 m。

3.生产区与生活(行政)区必须严格分开，猪场大门、生产区入口要建宽于门口、长于汽车轮一周半，水泥结构的消毒池。猪舍入口建宽于门口、长 1.5 m 的消毒池。生产区门口须建更衣室、消毒室和消毒池。

4.饲料贮存库和母猪舍(包括产猪舍)应建在猪场内上风头。粪便须送到围墙外，在处理池内发酵处理。

5.场内须建水井、引水塔，供全场应用。

第四条　制定卫生防疫制度

1.猪场要建立兽医卫生防疫制度和承包责任制度，由主管兽医负责监督执行。建立猪舍(特别是母猪舍日记)、疫情报告制度等。

2.猪场生产区大门设专职门卫,负责来往人员、车辆的消毒工作。

3.猪场谢绝参观,外来人员及非生产人员不得进入生产区。凡本场工作人员(包括经批准入场人员)和饲养员进入生产区前,必须经过消毒池进入消毒更衣室洗澡,更换作业衣、鞋后,再经一道消毒池方可入猪舍。场外车辆、用具等不准进场,出售种猪、肥猪时在场外接运。饲料由本场专车专线运进。猪粪、尿由密闭地下管道或专用车辆运出。

4.饲养人员要坚守岗位,不得串舍。用具和所有设备都必须固定在本舍内使用。要经常搞好舍内外卫生,定期做好消毒工作。

5.应经常驱(消)除鼠、蚊、蝇、犬、猫等动物。场内人员不准为外单位或个人诊疗猪病等技术服务工作,以截断传染的各个环节。饲养人员要随时观察猪群健康状况,发现异常变化及时报告。

6.猪场区职工家属,一律不准私自养猪和其他动物。场内食堂用肉应自给,职工不准从外购、带肉类或肉制品,已出场猪不准回流。

7.病死猪不准在生产区内解剖,应专车送往诊断室或尸体处理车间处理。

第五条 兽医卫生防疫措施

1.猪场生产区和猪舍门口设置消毒池,池内配制2%火碱水或20%石灰水等,消毒液要及时更换,经常保持有效浓度,冬季可放盐防止结冰。

2.猪舍保持通风良好,光线充足,室内干燥;猪舍内外每天清扫一次,所用饲养用具应定期清洗消毒,经常保持清洁。饲槽每天必须清洗、消毒一次。

3.根据猪的生长发育和生产需要,供给所需的全价饲料,经常注意检查饲料品质。禁止饲喂不清洁、发霉、变质的饲料。饲料加工厂必须具有防疫消毒设施，工作人员出入必须彻底消毒、更衣、换鞋。饲料厂防疫卫生工作由兽医检疫部门监督执行。

4. 每年进行1～2次猪体内、外寄生虫病的驱虫工作。

5. 猪舍和用具每年至少进行春、秋两次大清扫、消毒，每月进行一次一般消毒。消毒药液常用2%的火碱水或0.5%过氧乙酸，饲养用具用热碱水消毒，后再用清水洗涤晒干后使用。肥育猪舍采取“全进全出”的消毒方法；分娩后采取小区“全进全出”消毒；每批猪出栏后彻底大消毒，空圈一周后方可进猪，不能“全进全出”的猪舍要进行定期消毒。

6. 兽医人员和饲养人员在工作期间必须穿工作服和工作鞋。工作结束，即将工作服和工作鞋先留在更衣室内，严禁带出场外，工作服、鞋要经常消毒，保持清洁。

7. 为确保猪场安全，防止疫病传入，在引进种猪、仔猪时，必须由非疫区购入，经当地兽医部门检疫，并签发检疫证明书。再经本场兽医验证、检疫、隔离观察2个月，经检查认为健康的，再全身喷雾消毒，方可入舍混群。

第六条　几种疫病的免疫程序（略）

第七条　发生疫情扑灭措施

1. 发生疑似传染病时必须及时隔离，尽快确诊，并逐级上报，病因不明或剖检不能确诊时，应将病料送上级有关部门诊断。

2. 确诊为传染病时，应迅速采取紧急措施，根据传染病的种类，划定疫区进行封锁，全场进行紧急消毒，对健康猪进行必要的紧急接种或采取血清和药物防治措施。

3. 划定的封锁区应有明显标志，固定专人管理。解除封锁日期和方法，应根据国家有关规定进行。被传染病传染的病猪和用具、工作服及其他污染物等必须进行彻底消毒，粪便及铺草应予烧毁。

4.传染病猪及疑似传染病猪的皮肉经兽医检查,根据规定分别作无害化处理后利用,或焚烧深埋。屠宰病猪在指定地点进行。屠宰后,场地、用具及污染物必须进行严格消毒和彻底清除。

5.要焚烧或掩埋的病畜尸体,及其污染物须用不透水的车厢或塑料袋运到指定地点,进行焚烧或深埋(2 m 以下)。运尸体的车辆、役畜、用具和接触人员及工作服必须严格消毒。

第八条　养猪场可参照本规程,结合本场具体情况,制定具体措施。

编者注:本规程为全国家畜传染病防制研究会 1988 年制定的讨论稿。可供参照执行。

附录二　猪场的推荐免疫程序

猪场首先要做好猪瘟、口蹄疫、伪狂犬等病毒性疫病的免疫工作，根据当前猪场的情况，研讨制定了以下免疫程序，推荐如下。

(一)猪瘟免疫

母猪配种前免疫，脾淋组织苗1～1.5头份或细胞苗4～5头份；种公猪每年注射脾淋组织苗2次，细胞苗3次，剂量同母猪；仔猪一律使用细胞苗免疫，首免断奶前3天(母猪使用脾淋组织苗免疫，仔猪首免为断奶后1周)，4头份，二免都为60～65天，4头份。受猪瘟威胁场，仔猪超前免疫，细胞苗1～1.5头份，1小时后吃奶，二免60天左右，4头份。

(二)猪丹毒免疫

猪丹毒GC42弱毒菌苗在生后3个月开始免疫接种，对未断奶或刚断奶的仔猪使用本菌苗后，应在断奶后2个月左右再免疫1次，以后每隔6个月免疫1次。本菌苗可以皮下注射(每头猪14亿活菌)口服时用适量精饲料加少量冷水拌湿，再把稀释好的菌苗拌在饲料里，充分拌匀，让猪自由采食。喂菌苗前，猪应停食，喂苗后半小时可按常规喂食，用苗前后1周不得使用抗菌药物。免疫接种后7～9天产生免疫力，免疫期6个月。

也可用猪丹毒G10T(10)弱毒菌苗进行皮下或肌肉注射。

(三)猪肺疫免疫

现有两种菌苗。一种是猪肺疫内蒙系弱毒菌苗，只能口服，不能注射，大小猪一律3亿活菌，拌在饲料里口服，7天后产生免疫力，免疫期10个月；另一种是猪肺疫EO-630弱毒菌苗，肌肉或皮下注射1 mL，免疫期半年。一般每年春(3月)秋(9月)各免疫1

次，也可在本病多发季节之前免疫。

除上述疫（菌）苗外，还可使用猪瘟、猪丹毒、猪肺疫弱毒三联冻干苗，或用猪瘟、猪丹毒、或猪瘟、猪肺疫二联冻干苗，接种时根据说明书和当地疫情确定。

（四）猪副伤寒免疫

现在多用猪副伤寒 C_{500} 弱毒冻干菌苗，全群成年猪及育成猪每年 3 月份和 9 月份各预防注射 1 次，仔猪在 30 日龄以上逐头肌肉注射 1 mL，或将菌苗混入少量冷的饲料里，让猪自由采食。

（五）猪败血型链球菌病免疫

疫区（场）在 60 日龄第 1 次免疫，以后每年春秋各免疫 1 次，不论大小猪一律肌肉或皮下注射猪链球菌病氢氧化铝菌苗 5 mL，浓苗注 3 mL，免疫期约 6 个月。

（六）仔猪红痢免疫

疫区（场）母猪分娩前 1 个月和半个月各肌肉注射红痢氢氧化铝菌苗 1 次，每次 5～10 mL。连续产仔的母猪，前 1、2 胎已经注射 2 次菌苗的，在分娩前半个月左右注射 1 次即可。剂量 3～5 mL。

（七）仔猪黄痢和仔猪白痢免疫

疫区（场）在母猪分娩前 15～20 天，口服预防仔猪黄、白痢第 2 代 K88ac-LTB 双价基因工程苗 1 次（江西兽医生物药品厂生产），剂量为 300 亿活菌，或注射 50 亿活菌。如果疫情严重，在分娩前 1 周加强免疫 1 次，剂量减半，免疫效果更佳。

（八）伪狂犬病免疫

选用基因缺失活疫苗，母猪产后 15 天免疫，产前加强 1 次，剂量 1～1.5 头份，公猪 1 年 2 次；仔猪 70 日龄 1 次，1 头份。后备猪配种前免疫 2 次，间隔 2 周，剂量 1～1.5 头份。若种公母猪每年 3 次普免，则仔猪出生后 1～3 天滴鼻。

(九)猪乙型脑炎免疫

在疫区(场),每年在蚊蝇季节到来之前1～2个月,对怀孕母猪和仔猪肌肉注射14-2株乙型脑炎弱毒疫苗1 mL。

(十)猪细小病毒病免疫

在疫区(场),母猪配种前2个月左右肌肉注射猪细小病毒病灭活疫苗2次,间隔2周,每次5 mL,可预防母猪感染猪细小病毒。

在进行预防接种时,要记载接种日期、疫苗或菌苗名称、生产厂家、批号、有效日期、接种剂量、接种方法,登记已经接种的和没有接种的猪,以便观察预防效果,分析发生问题的原因。

(十一)猪繁殖与呼吸综合征(蓝耳病)免疫

选用高致病性蓝耳病变异株灭活苗,禁用弱毒苗。只用于接种健康猪。

后备公、母猪:配种前免疫2次,间隔4～6周,每次4 mL。

经产母猪:产后10天,4 mL。

种公猪:每半年1次。

仔猪:3周龄及以上仔猪,每头2 mL。根据当地疫病流行情况,可在首免后加强免疫1次。

(十二)口蹄疫免疫

口蹄疫疫苗:按农业部要求免疫。建议猪场使用高效苗,母猪断奶前3天,产前50天,种公猪1年3次,仔猪65～70日龄首免,90～100日龄二免。

图书在版编目(CIP)数据

自然养猪法/李铁坚主编．—北京：中国农业大学出版社，2009.2

ISBN 978-7-81117-685-8

Ⅰ.自…　Ⅱ.李…　Ⅲ.养猪学　Ⅳ.S828

中国版本图书馆 CIP 数据核字(2009)第 021329 号

书　　名	自然养猪法		
作　　者	李铁坚　主编		
策划编辑	赵　中	**责任编辑**	孟　梅
版式设计	郑　川	**责任校对**	陈　莹　王晓凤
出版发行	中国农业大学出版社		
社　　址	北京市海淀区圆明园西路 2 号	**邮政编码**	100193
电　　话	发行部 010-62731190,2620	读者服务部	010-62732336
	编辑部 010-62732617,2618	出　版　部	010-62733440
网　　址	http://www.cau.edu.cn/caup	**e-mail**	cbsszs@cau.edu.cn
经　　销	新华书店		
印　　刷	北京鑫丰华彩印有限公司		
版　　次	2009 年 2 月第 1 版　　2009 年 6 月第 2 次印刷		
规　　格	850×1 168　32 开本　5.75 印张　142 千字		
印　　数	6 001～10 000		
定　　价	11.00 元		